架構模式｜使用Python

進行測試驅動開發、領域驅動設計及製作事件驅動微服務

Architecture Patterns with Python

Enabling Test-Driven Development, Domain-Driven Design, and Event-Driven Microservices

Harry Percival and Bob Gregory 著

賴屹民 譯

O'REILLY®

目錄

第二部分　事件驅動架構

前言

你應該想知道我們是誰，還有我們為什麼要寫這本書。

Harry 在完成他的上一本書《**測試驅動開發｜使用** *Python*》（*https://www.obeythetestinggoat.com/*）（O'Reilly）的時候，發現自己有一堆關於結構的疑問，例如，如何以最好的方式架構 app，讓它容易被測試？更具體地說，如何讓單元測試完全覆蓋核心的商務邏輯，將所需的整合及端對端測試工作降到最低？他曾經含糊地提到「六邊形架構（Hexagonal Architecture）」和「連接埠和配接器（Ports and Adapters）」以及「功能核心，命令外殼（Functional Core, Imperative Shell）」，但他應該誠實地承認，他並未真正理解這些東西，也從未實際動手做過。

後來，他很幸運地認識 Bob，Bob 知道所有這些問題的解答。

因為 Bob 的團隊裡面沒有人負責軟體架構，所以他被迫成為軟體架構師。事實上，他非常不擅長這項工作，但他很幸運地認識 Ian Cooper，從他那裡學到撰寫與理解程式碼的方法。

管理複雜性，解決商業問題

我們兩人都在 MADE.com 工作，它是一家在網路販售家具的歐洲電子商務公司，我們在這家公司裡面採用本書介紹的技術來建構分散式系統，用它來建立真正的商業問題的模型。我們的領域（domain）範例是 Bob 為 MADE 建構的第一個系統，我們希望用這本書來記錄當新程式員加入團隊時，我們想要傳授給他們的所有教材。

MADE.com 運營一個連結全球貨運合作夥伴與製造商的供應鏈。為了降低成本，我們試著優化貨物入倉的配送程序，避免到處亂放未出售的貨物。

在理想的情況下，我們會讓你購買的沙發在你下單的當天就到港，並且直接將它送到你家，完全不需要入倉存放。如果貨櫃船需要三個月才能將貨物送達，正確安排所有時間是非常麻煩的平衡工作，在過程中，我們可能遇到貨物損壞或進水、暴風雨導致意外的延誤、物流業者不當處理貨物、文件遺失、顧客改變主意並修改訂單等事情，為了解決這些問題，我們做了一個智慧軟體來代表真實世界的各種活動，盡量將這個業務自動化。

為何選擇 Python？

既然你已經在看這本書了，我們應該不需要說服你為何 Python 很棒了，真正問題應該是「為什麼 *Python* 社群需要這種書？」答案與 Python 的流行度和成熟度有關：或許 Python 是這個世界成長速度最快的程式語言，而且在流行度排行榜名列前茅，但是它直到最近才開始被用來解決多年來一直都是用 C# 與 Java 解決的問題。初創公司已經變成真正的企業了，web app 與腳本自動化也變成（悄悄說）**企業軟體**了。

在 Python 世界中，我們通常會引用 Zen of Python：「用明顯的方法來完成一件事，而且最好只有一種[1]。」不幸的是，隨著專案規模的成長，最明顯的做法不一定有助於管理複雜性與不斷演進的需求。

雖然這本書探討的技術和模式都不新，但它們在 Python 世界裡大都是新的。本書無法取代這個領域的經典，例如 Eric Evans 的《*Domain-Driven Design*》與 Martin Fowler 的《*Patterns of Enterprise Application Architecture*》（兩本都是 Addison-Wesley Professional 出版的），我們經常參考這兩本書，也建議你閱讀。

但是在經典書籍中的範例程式通常都是用 Java 或 C++/# 編寫的，如果你是 Python 人，而且沒有長時間用過這些語言（或其實完全沒有用過），這些程式理解起來可能非常…費力。這也是另一本經典文獻的新版使用 JavaScript 的原因——Fowler 的《**重構**（*Refactoring*）》（Addison-Wesley Professional）。

1 `python -c "import this"`。

TDD、DDD 與事件驅動架構

我們都知道，管理複雜性的工具有三種，按照著名程度依序是：

1. **測試驅動開發**（TDD）可以協助我們建構正確的程式以及重構或加入新功能，而不需要擔心問題回歸。但測試程式很難帶來最好的結果：該如何確定它們是否以最快的速度執行？我們可以從快速、無依賴關係的單元測試得到盡可能多的覆蓋率和回饋，並且盡量減少緩慢、不穩定的端對端測試嗎？
2. **領域驅動測試**（DDD）讓我們把精力放在建構好的商業領域模型上，但如何確保模型不受基礎設施問題困擾，而且不會變得難以更改？
3. 用訊息來整合的鬆耦合（微）服務（有時稱為**反應式微服務**（*reactive microservice*））是管理多個 app 或商業領域之間的複雜性的成熟解決方案。但大家不太知道如何使用 Python 領域的成熟工具來製作它，例如 Flask、Django、Celery 等。

如果你不太瞭解微服務（或對它不感興趣），別害怕，我們探討的絕大多數模式，包括事件驅動架構教材，都一定可以在單體架構中使用。

本書的目標是介紹一些經典的架構模式，並展示它們如何支援 TDD、DDD 與事件驅動服務，我們希望把它寫成一本參考書，告訴你如何以符合 Python 風格的方式製作它們，並且提供一個起點，協助你在這個領域中進行更深入的研究。

誰需要讀這本書？

親愛的讀者，我們假設你有這些背景：

- 你已經熟悉一些相當複雜的 Python app 了。
- 你已經吃過管理那種複雜性的苦頭了。
- 你不需要知道任何關於 DDD，或任何關於經典 app 架構模式的事情。

我們會圍繞著一個範例 app 建構我們摸索出來的架構模式，一章一章地搭建它。因為我們採用 TDD，所以會先展示測試程式，再進行實作。如果你沒有先編寫測試程式的習慣，可能一開始會覺得很奇怪，但我們希望你儘早習慣在知道程式的內在如何建構之前，先看到程式如何「被使用」（也就是從外面看）。

我們會使用一些 Python 框架與技術，包括 Flask、SQLAlchemy 和 pytest，以及 Docker 和 Redis。如果你已經熟悉它們了，很好，不過這不是必要的。這本書的主要目標是建立架構，將它裡面的具體技術選項變成次要的實作細節。

簡介你將學會的東西

本書分成兩大部分，以下是我們將探討的主題，以及介紹它們的章節。

第一部分，建立架構來支援領域模型的建構

領域建模與 DDD（第 1 章與第 7 章）

在某種層面上，大家都已經從教訓中知道，複雜的商業問題必須以領域模型的形式反映在程式碼裡面。但是為什麼在做這件事的同時，很難避免與基礎設施、web 框架或其他問題糾纏不清？在第一章，我們會粗略介紹**領域建模**以及 DDD，並且使用一個沒有外部依賴項目的模型以及簡單的單元測試來展示如何上手。稍後我們會回到 DDD 模式，討論如何選擇正確的 aggregate（集合體），以及它與資料完整性問題有什麼關係。

Repository、Service Layer，以及 Unit of Work 模式（第 2、4、5 章）

這三章將介紹三種密切相關而且相輔相成的模式，這種模式可以支持我們的偉大目標，讓模型沒有外部依賴項目。我們將圍繞著持久保存機制建構一個抽象層，並且建立一個服務層來定義系統的入口和描述主要的用例（use case）。我們將展示這一層如何輕鬆地為系統建構精簡的入口，無論系統是 Flask API 還是 CLI。

關於測試與抽象的一些想法（第 3 章與第 6 章）

在展示第一個抽象（Repository 模式）之後，我們借此機會概述如何選擇抽象，以及它們在選擇軟體的耦合方式時發揮什麼作用。介紹 Service Layer 模式之後，我們會探討一些關於實作**測試金字塔**，以及在最高抽象級別編寫單元測試的事項。

第二部分，事件驅動架構

事件驅動結構（第 8-11 章）

我們會再介紹三種相輔相成的模式：Domain Events、Message Bus 以及 Handler 模式。**領域事件**（*domain event*）是用來描述「與系統的互動會觸發其他的互動」這種概念的工具。我們使用 *message bus*（**訊息匯流排**）來讓一些動作觸發事件並呼叫適

當的**處理式**（*handler*）。接下來我們會討論如何將事件當成一種模式，在微服務架構中，用來整合不同的服務。最後，我們將區分**指令**（*command*）與**事件**（*event*）的不同。現在的 app 基本上已經是一個訊息處理系統了。

命令查詢責任隔離（第 *12* 章）
: 我們將舉一個例子說明**命令查詢責任隔離**，包含使用事件以及不使用事件。

依賴注入（第 *13* 章）
: 我們將整理明確與隱性依賴關係，並且實作一個簡單的依賴注入框架。

其他內容

我該如何由此至彼？（結語）
: 雖然舉一個簡單的例子從零開始實作架構模式看起來很容易，但很多人可能會問，該如何將這些原則應用在既有的軟體中。我們會在結語提供一些提示和參考讀物的連結。

範例程式，以及在過程中一起編寫程式

雖然你正在看這本書，但你應該可以認同這句話：學程式最好的方式就是動手寫程式。我們的知識大部分都是從和別人合作、一起編寫程式，在實作中學習來的，我們希望在這本書裡面盡量為你重現這些體驗。

因此，我們圍繞著一個範例專案來建構這本書（不過有時也會加入其他範例）。我們會隨著章節的進展建構這個專案，很像你真的與我們一起工作，我們也會在各個步驟解釋我們在做什麼，以及為何如此。

但是若要真正掌握這些模式，你必須修改程式，瞭解它們是如何工作的。你可以在 GitHub 找到所有程式碼，每一章都有它自己的分支。你也可以在 GitHub 找到分支的清單（*https://github.com/cosmicpython/code/branches/all*）。

你可以透過這三種方式，跟著這本書一起寫程式：

- 建立你自己的 repo，並且按照本書的範例跟著我們一起建構 app，偶爾察看我們的 repo 裡面的提示。不過，提醒你一下，如果你看過 Harry 的上一本書，並且曾經跟著它一起寫程式，你將發現，這本書需要你自行探索更多東西，你可能會非常依賴 GitHub 上的可用版本。

- 試著將每一章的模式用在你自己的專案上（最好是小型的玩具專案），看看它們是否能在你的用例中發揮作用。這是高風險、高報酬的工作（而且高努力！），雖然將書中的內容正確地用在你自己的專案需要費很多工夫，但從另一面看，你會學到最多東西。
- 為了少花點工夫，我們在每一章也會提出一個「給讀者的習題」，並告訴你一個 GitHub 地點，你可以在那裡下載部分完成的程式，然後自行編寫缺少的部分。

如果你想要在自己的專案中使用其中一些模式，透過簡單的範例來安全地練習是很好的做法。

當你閱讀各章時，至少要 `git checkout` 我們的 repo 的程式。閱讀真的可以運作的 app 程式可以幫助你在過程中解決很多問題，讓一切更加真實。每一章的開頭會告訴你如何做這件事。

本書編排慣例

本書使用下列的編排規則：

斜體字（*Italic*）

　代表新術語、URL、email 地址、檔名，與副檔名。中文以楷體表示。

定寬字（`Constant width`）

　在長程式中使用，或是在文章中代表變數、函式名稱、資料庫、資料型態、環境變數、陳述式、關鍵字等程式元素。

定寬粗體字（**`Constant width bold`**）

　代表應由使用者親自輸入的命令或其他文字。

定寬斜體字（*`Constant width italic`*）

　代表應換成使用者提供的值，或由上下文決定的值。

這個圖案代表提示或建議。

這個圖案代表註解。

這個圖案代表警告或注意。

致謝

獻給技術校閱 David Seddon、Ed Jung 與 Hynek Schlawack：你們都非常敬業、認真且嚴格，讓我們深感慚愧。你們都非常聰明，提出來的觀點既實用且相輔相成，衷心感謝你們。

此外也要感謝早期發行版讀者提供的意見與建議：Ian Cooper, Abdullah Ariff, Jonathan Meier, Gil Gonçalves, Matthieu Choplin, Ben Judson, James Gregory, Łukasz Lechowicz, Clinton Roy, Vitorino Araújo, Susan Goodbody, Josh Harwood, Daniel Butler, Liu Haibin, Jimmy Davies, Ignacio Vergara Kausel, Gaia Canestrani, Renne Rocha, pedroabi, Ashia Zawaduk, Jostein Leira, Brandon Rhodes，此外還有許多其他人，如果你不在這份名單之中，我們深表歉意。

超級感謝我們的編輯 Corbin Collins 的溫柔幽默，以及不厭其煩地為讀者設想。同樣感謝製作團隊 Katherine Tozer, Sharon Wilkey, Ellen Troutman-Zaig 與 Rebecca Demarest 的奉獻、專業和對細節的關注。這本書在你們的幫助之下得到很大的改善。

當然，如果本書還有任何錯誤，責任完全在我們身上。

引言

為什麼我們的設計會出錯？

聽到**混亂**這個詞的時候，你想到什麼？或許你想到嘈雜的證券交易所，或是早上的廚房，所有東西都亂糟糟的，至於**秩序**，你可能會想到一間寧靜的空房間。但是，對科學家來說，混亂的特徵是同質性（homogeneity）（同一性，sameness），秩序的特徵是複雜性（complexity）（差一性，difference）。

例如，井然有序的花園是高秩序的系統。園丁使用小路和柵欄劃分界限，並且劃出花壇和菜田。隨著時間過去，花園會不斷演變，植物會越來越豐富且濃密，但是如果沒有精心照顧，花園就會失控。雜草會讓其他植物難以存活，蔓延到小路上面，直到最後，每一個部分看起來都大同小異，雜草叢生且無人管理。

軟體系統也會趨向混亂，當我們剛開始建構新系統時，我們都有宏偉的構想，認為程式可以保持乾淨整潔，但是隨著時間流逝，它會累積很多殘留物和邊緣情況，最終變成一個令人疑惑的管理類別及工具模組沼澤，曾經被理性地分層的架構已經頹然崩塌。混亂的軟體系統的特點是功能的同一性，裡面有具備領域知識，卻也可以送出 email 和執行 logging 的 API 處理式、不進行計算卻執行 I/O 的「商務邏輯」，而且所有東西都與任何其他東西互相關聯，因此改變系統的每一個地方都危機重重。因為這種情況太常見了，所以軟體工程師用他們自己的說法來描述混亂：大泥球反模式（圖 P-1）。

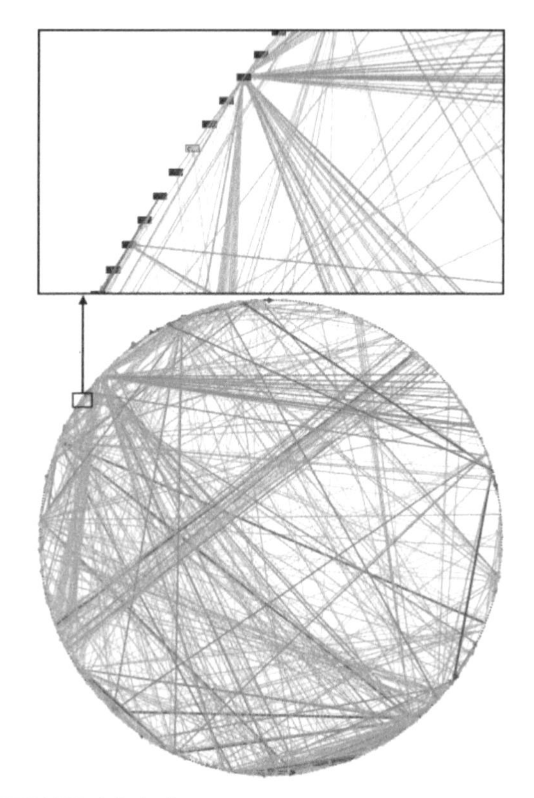

圖 P-1　真實世界的依賴關係圖（來自「Enterprise Dependency: Big Ball of Yarn」（*https://oreil.ly/dbGTW*），Alex Papadimoulis 著）

就像花園的自然狀態是雜草叢生，軟體的自然狀態就是大泥球。防止崩潰需要付出精力和指出方向。

幸好避免建立大泥球的技術並不複雜。

封裝與抽象

身為程式員，封裝與抽象是我們自然就會使用的工具，雖然我們不一定會使用準確的字眼。因為它們是本書反復出現的主題，所以請容我們為它們做詳細的介紹。

封裝涵蓋兩個密切相關的概念：簡化行為和隱藏資料。在接下來的說明中，我們使用第一種概念。當我們想要封裝行為時，我們會在程式中找出需要完成的任務，再給那個任務一個定義明確的物件或函式，我們將這個物件或函式稱為**抽象**。

看一下接下來的兩段 Python 程式：

用 *urllib* 進行搜尋

```
import json
from urllib.request import urlopen
from urllib.parse import urlencode

params = dict(q='Sausages', format='json')
handle = urlopen('http://api.duckduckgo.com' + '?' + urlencode(params))
raw_text = handle.read().decode('utf8')
parsed = json.loads(raw_text)

results = parsed['RelatedTopics']
for r in results:
    if 'Text' in r:
        print(r['FirstURL'] + ' - ' + r['Text'])
```

用 *requests* 進行搜尋

```
import requests

params = dict(q='Sausages', format='json')
parsed = requests.get('http://api.duckduckgo.com/', params=params).json()

results = parsed['RelatedTopics']
for r in results:
    if 'Text' in r:
        print(r['FirstURL'] + ' - ' + r['Text'])
```

這兩段程式做同一件事：將值送到 URL 來使用搜尋引擎 API，但是第二段比較易讀和瞭解，因為它是在更高層的抽象上操作的。

我們可以進一步確認我們希望程式執行的任務，並且為它命名，使用更高階的抽象來讓它更明確：

用 *duckduckgo* 模組進行搜尋

```
import duckduckgo
for r in duckduckgo.query('Sausages').results:
    print(r.url + ' - ' + r.text)
```

使用抽象來封裝行為是一種強大的工具，可讓程式更富表達性、更容易測試，且更容易維護。

在物件導向（OO）世界的文獻中，這種做法的典型稱謂是**責任驅動設計**（*responsibility-driven design*）（*http://www.wirfs-brock.com/Design.html*），它使用 *role*（**角色**）與 *responsibility*（**責任**）這種字眼，而不是 *task*（**任務**）。它的重點是從行為的角度來考慮程式碼，而不是從資料或演算法的角度[1]。

> **抽象與 ABC**
>
> 在 Java 或 C# 等傳統 OO 語言中，你可能會使用抽象基礎類別（ABC）或介面來定義抽象。在 Python 中，你可以使用 ABC（有時我們也會這樣做），但也可以開心地使用鴨子定型。
>
> 抽象的意思只是「你所使用的東西的公用 API」——例如，一個函式名稱加上一些引數。

本書大部分的模式都涉及抽象的選擇，所以你會在各章看到許多範例。此外，第 3 章會專門討論選擇抽象的通用啟發式方法。

分層

封裝與抽象可以藉著隱藏細節和保護資料的一致性來提供協助，但我們也要留意物件與函式之間的互動。當函式、模組或物件使用另一個函式、模組或物件時，我們稱為一樣東西**依賴**（*depends on*）另一樣東西，這種依賴關係形成一種網路或圖（graph）。

在大泥球中，依賴關係是失控的（如圖 P-1 所示），改變圖中的節點非常困難，因為它可能會影響系統的許多其他部分。分層式架構是解決這種問題的方式之一，在分層式架構中，我們將程式碼分成分散的分類或角色，並且加入一些規則來規定哪些程式種類可以互相呼叫。

1 如果你看過 class-responsibility-collaborator（CRC）卡，它們的作用是相同的，從職責的角度來考慮問題，可以協助你決定如何進行分解。

這種做法最常見的例子就是圖 P-2 的**三層架構**。

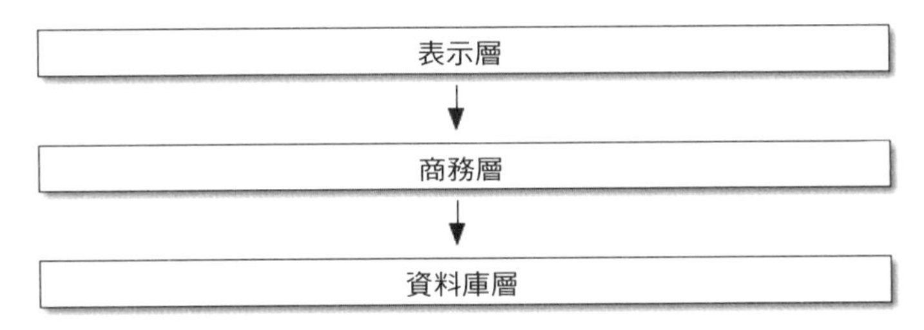

圖 P-2　分層架構

分層架構應該是商業軟體最常見的模式。在這種模型中，我們有用戶介面元件，它可能是個網頁、API 或命令列，這些用戶介面元件會和商務邏輯層溝通，商務邏輯層裡面有商務規則和工作流程，最後有一個資料庫層，它負責儲存和取出資料。

在本書接下來的內容中，我們會藉著遵守一條簡單的原則，系統性地徹底顛覆這個模型。

依賴反轉原則

或許你已經熟悉**依賴反轉原則**（DIP）了，因為它是 SOLID 裡面的 *D*[2]。

很遺憾，我們沒辦法像解釋封裝那樣，用三行小程式來解釋 DIP。但是，本書的第一部分實質上就是在整個 app 裡面實作 DIP 的範例，所以你將會看到一些具體的範例。

在此同時，我們也可以討論 DIP 的正式定義：

1. 高階模組不應該依賴低階模組，它們都應該依賴抽象。
2. 抽象不應該依賴細節，相反，細節應該依賴抽象。

但它們是什麼意思？我們來逐步說明。

高階模組是你的所屬機構真正在乎的程式碼。如果你在製藥公司工作，你的高階模組負責處理的就是患者與試驗；如果你在銀行工作，你的高階模組負責的是管理交易和匯兌。軟體系統的高階模組包含處理真實世界概念的函式、類別以及程式包。

2　SOLID 是 Robert C. Martin 提出的物件導向設計五大原則的縮寫，包括單一職責、對擴展開放，但是對修改封閉、Liskov 替換原則、介面隔離，以及依賴反轉。見 Samuel Oloruntoba 的「S.O.L.I.D: The First 5 Principles of Object-Oriented Design」（*https://oreil.ly/UFM7U*）。

相較之下，**低階模組**是你的機構不關心程式碼。你的 HR 部門應該不會對檔案系統或網路通訊端感興趣，你應該不會和財務團隊討論 SMTP、HTTP 或 AMQP。對非技術性關係人而言，這些低階概念既無趣且無關緊要，他們只在乎高階概念是否正確運作。如果薪資單可以準時發放，你的公司應該不會在乎你是在 cron job 還是在 Kubernetes 上運行一個暫時性函式。

*依賴*不一定是指*匯入*或*呼叫*，它是比較籠統的概念：一個模組*知道*或*需要*另一個模組。

我們已經談過*抽象*了，它們是封裝行為的簡化介面，就像我們的 duckduckgo 模組封裝了搜尋引擎的 API。

> *所有電腦科學問題都可以藉著加入額外的間接層來解決。*
>
> ——David Wheeler

所以 DIP 的定義的第一個部分的意思是，業務程式不應該依賴技術細節，相反，兩者都應該使用抽象。

為什麼？廣泛地說，因為我們希望能夠分別更改它們。高階模組必須能夠根據業務需求輕鬆地改變，低階模組（細節）在實務上難以改變，你可以想想藉著重構來改變函式名稱 vs. 定義、測試，和部署資料庫遷移（migration）來改變一個欄位名稱的情況。我們不希望因為商務邏輯與低階設施細節有密切的關係而拖慢修改速度。但是，類似的情況，在必要時*能夠*修改基礎設施細節（例如資料庫分片（sharding）），而且不需要改變商務層也非常重要。在它們之間加入抽象（著名的額外間接層）可讓兩者（更加）獨立於彼此進行改變。

第二個部分更神秘難懂了。「抽象不應該依賴細節」比較容易瞭解，但「細節應該依賴抽象」很難想像。我們在製作抽象時，該如何讓它不依賴被它抽象化的細節？在第 4 章，我們會用一個具體的範例清楚地說明這一點。

放置所有商務邏輯的地方：領域模型

但是在顛覆三層架構之前，我們要再討論一下中間層，即高階模組或商務邏輯。「設計」出錯最常見的原因是商務邏輯分散到 app 的各層，讓我們難以識別、瞭解與改變它。

第 1 章會介紹如何用 *Domain Model* 模式來建構商務層。第一部分其餘的模式將告訴你如何藉著選擇正確的抽象，以及持續執行 DIP，來保持領域模型的容易更改，而且不需要考慮低層。

第一部分

建立架構來支援領域模型的建構

> 大部分的開發者都沒有看過領域模型，只看過資料模型。
>
> ——Cyrille Martraire, *DDD EU 2017*

很多曾經與我們討論架構的開發者都認為情況還有挽回的餘地，因而不肯放棄，他們試圖挽救一個莫名其妙出了問題的系統，想把一些架構放到一團爛泥球裡面。他們知道商務邏輯不應該散布各處，卻不知道如何修正。

我們發現許多開發者被要求設計新系統時，都會立刻開始建立資料庫綱要（schema），事後再考慮物件模型，這就是一切問題的源頭。我們應該反其道而行，**先處理行為，再讓它驅動儲存需求**。畢竟，顧客並不在乎資料模型，他們在乎的是系統究竟會做什麼，否則他們只要使用試算表就好了。

本書的第一部分將探討如何使用 TDD 建構豐富物件模型（第 1 章），然後介紹如何讓那個模型與技術問題解耦。我們會展示如何建構不需要採用特定持久保存機制的程式，以及如何圍繞著領域建立穩定的 API，以方便積極地進行重構。

為此，我們要介紹四種重要的設計模式：

- Repository 模式，位於持久儲存的概念之上的抽象
- Service Layer 模式，明確地定義用例（use case）的開始與結束之處

- Unit of Work 模式，提供原子操作（atomic operation）
- Aggregate 模式，確保資料的完整性

如果你想要瞭解我們的結果，看一下圖 I-1，但如果你覺得它們都很陌生，不用擔心！我們會在第一部分逐一介紹圖中的各個方塊。

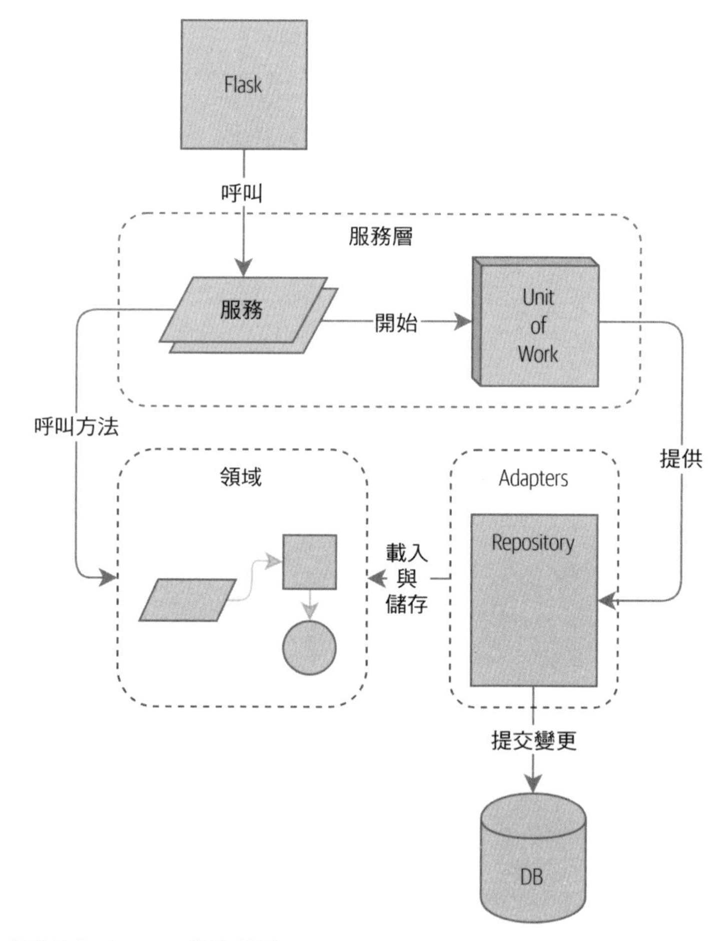

圖 I-1　在第一部分結束時，app 的元件圖

我們也會花一點時間討論耦合與抽象，用一個簡單的例子來展示我們如何以及為何選擇抽象。

本書的三個附錄是第一部分的延伸：

- 附錄 B 是關於我們的範例程式的基礎設施的點評：如何建構與執行 Docker 映像、在哪裡管理組態資訊，以及如何執行不同種類的測試。
- 附錄 C 是「東西好不好，用了才知道」類型的內容，展示將整個基礎設施（包括 Flask API、ORM 與 Postgres）換成完全不同的 I/O 模型（涉及 CLI 和 CSV）有多麼容易。
- 最後，如果你想要知道這些模式在你使用 Django、而不是 Flask 與 SQLAlchemy 時會是什麼樣子，那麼你應該很想看附錄 D。

第一章

建立領域模型

本章介紹如何以一種和 TDD 高度相容的方式，使用程式碼來模擬商務流程。我們將討論**為何**領域建模如此重要，並且介紹一些建立領域模型的重要模式：Entity、Value Object 與 Domain Service。

圖 1-1 是 Domain Model 模式的簡單視覺化占位圖案。本章會填入一些細節，隨著我們進入其他章節，我們也會圍繞著領域模型建構一些東西，不過你都會在核心發現這些形狀。

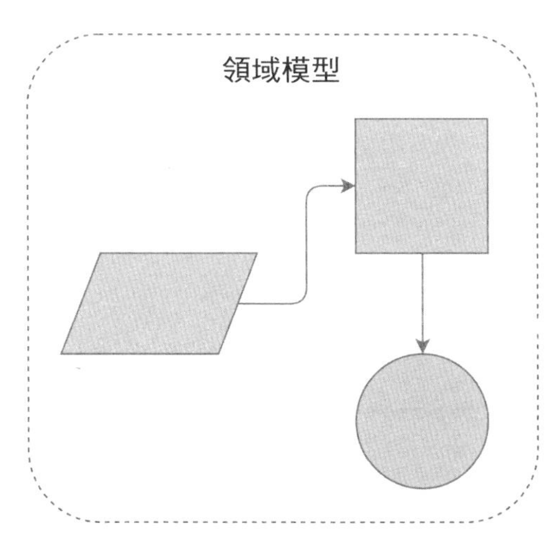

圖 1-1　領域模型的占位圖案

什麼是領域模型？

在引言中，我們使用**商務邏輯層**這個術語來描述三層架構的中間層。在本書接下來的內容中，我們會改用**領域模型**（*domain model*）這個術語。它是來自 DDD 社群的術語，比較能夠代表我們的本意（關於 DDD 的更多說明請見下一個專欄）。

領域只是**你試著解決的問題**的花俏說法。本書的作者目前任職於一家網路家具零售商，取決於你的系統，領域可能是進行採購、產品設計，或物流與配送。大部分的程式員都把時間花在改善商務流程或將它自動化上面，領域是這些流程支援的一組活動。

模型是某種流程或現象的對映，那些流程或現象描述了有用的特性。人類特別擅長在腦海中製作事物的模型。例如，有人對你丟一顆球時，你幾乎可以無意識地預測它的動向，因為你有一個「物體在空中移動的方式」的模型。你的模型不可能完美，人類對於接近光速或是真空之中的物體的直覺很差，因為我們的模型的設計從未涵蓋這些案例。但是這不代表模型是錯的，而是代表有些預測不在它的領域範圍之內。

領域模型是公司老闆思考商務活動的心智圖，所有商業人士都有這種心智圖——他們是人類思考複雜流程的方式。

你可以從別人使用的商務用語知道他們何時使用這種圖。一起製作複雜系統的人會自然而然地使用行話。

想像一下，你這位不幸的讀者突然之間被傳送到距離地球好幾光年之遠的星球，你和朋友及家人找到一艘外星飛船，想要從最基本的規則開始摸索，找到回家的方法。

在最初的幾天裡，你可能會隨意按下按鈕，但很快你就知道按鈕的功能是什麼，因此你們可以向彼此下達指令。你可能會說「按下閃爍的小東西旁邊的紅色按鈕，再把那根大桿子往雷達設備推」。

經過幾週之後，你們會使用更精確的言語來描述太空船的功能：「將貨艙的氧氣量提升三級」或「打開小推進器」。經過幾個月之後，你會用特定的語言來描述整個複雜的程序：「啟動著陸程序」或「準備曲速前進」，這個過程會自然地發生，不需要正式地建立共用的術語表。

這不是一本討論 DDD 的書，你應該去看 DDD 書

領域驅動設計（DDD）推廣領域建模的概念[1]，藉著關注核心商務領域，它成功地改變大家設計軟體的方式。本書探討的許多架構模式都來自 DDD 傳統，架構模式包括 Entity、Aggregate、Value Object（見第 7 章）與 Repository（下一章）。

簡而言之，DDD 認為軟體最重要的事情在於它提供了實用的問題模型，如果我們做出正確的模型，軟體就可以提供價值，讓新事物得以發生。

如果我們把模型做錯了，它就會變成工作的障礙。在這本書，我們可以展示建構領域模型的基本知識，並且圍繞著它打造一個架構，讓模型盡量不被外部因素約束，如此一來，它就可以輕鬆地演進與更改。

但是 DDD 以及開發領域模型所需的流程、工具及技術還有許多可以探討的地方。雖然我們希望讓你盡量品嘗它的滋味，但也熱切希望你可以閱讀更合適的 DDD 書籍：

- 原始的「藍皮書」，*Domain-Driven Design*，Eric Evans 著（Addison-Wesley Professional）
- 「紅皮書」，*Implementing Domain-Driven Design*，Vaughn Vernon 著（Addison-Wesley Professional）

世俗的商務活動也是如此。商務關係人使用的術語濃縮了他們對於領域模型的理解，用一個單字或短語來歸納複雜的思想與過程。

當我們聽到商務關係人使用陌生的字眼，或是以特定的方式來使用術語時，我們應該注意聆聽更深的含義，並將他們得之不易的經驗寫入軟體。

本書將使用一個真實世界的領域模型，它是我們目前的工作所使用的模型。MADE.com 是一家成功的家具零售商，它的家具來自世界各地的製造商，在歐洲銷售。

當你購買沙發或咖啡桌時，我們必須找出最好的方法，從波蘭、中國或越南把商品送到你的客廳。

1 DDD 不是領域建模的起源，它來自 Eric Evans 引用的一本書，Rebecca Wirfs-Brock 與 Alan McKean 合著並在 2002 年出版的《*Object Design*》（Addison-Wesley Professional），這本書提出職責驅動設計，DDD 是這種設計法處理「領域」的一個特例。但 2002 年還不是最早的年份，OO 狂熱者會建議你再參考 Ivar Jacobson 與 Grady Booch 的著作，這個名詞早在 1980 年代中期就已經出現了。

在較高的層面上，我們有獨立的系統負責將購買庫存、銷售庫存給顧客，並且向顧客發貨。位於中間的系統必須協調流程，將庫存分配給顧客的訂單，見圖 1-2。

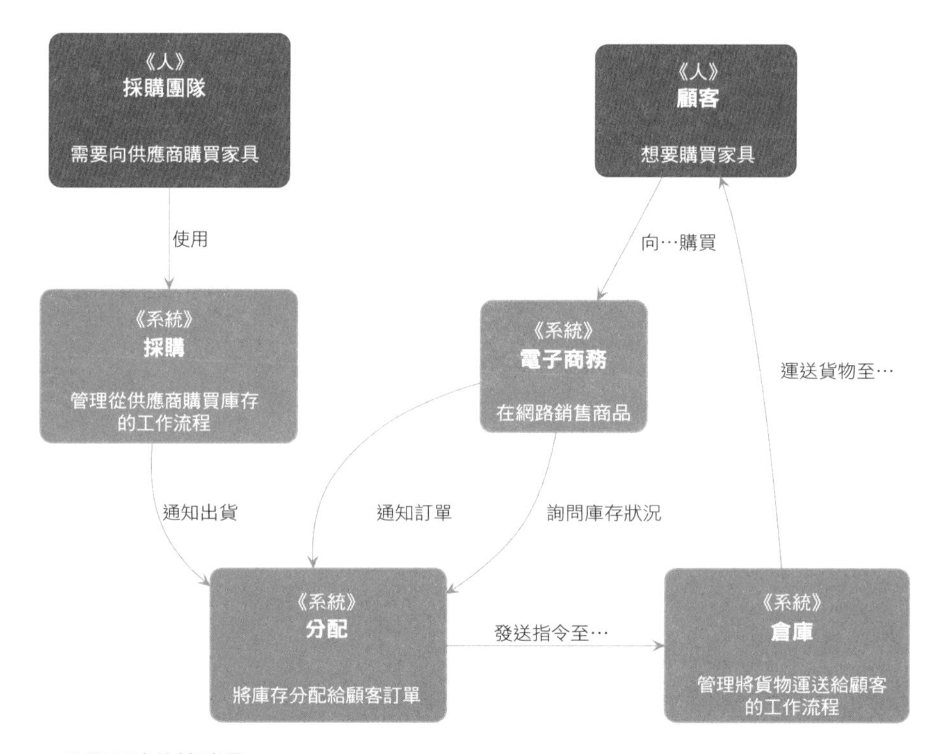

圖 1-2　分配服務的情境圖

出於本書的目的，我們假設公司決定實施一種令人期待的新方法來分配庫存，截至目前為止，公司一直都根據倉庫中實際的庫存量來提出庫存量與交貨時間。如果庫存沒了，公司就會將產品列為「缺貨」，直到廠商送來下一批貨物為止。

我們決定採取創新的做法：如果系統可以追蹤所有的發貨情況以及何時到貨，我們就可以將還在船上的貨物視為真正的庫存以及部分的庫存，只是需要較長的交貨時間。因此，缺貨的商品看起來會比較少，我們可以賣出更多東西，而且藉著降低國內倉庫的庫存量，公司還可以節省成本。

但是如此一來，為訂單配貨就不是只要減少倉庫系統的數量就好了，我們需要更複雜的配貨機制。是時候建立領域模型了。

探索領域語言

瞭解領域模型需要時間與耐心，還有便利貼。我們已經和商務專家進行了初步的討論，對於領域模型的最初精簡版本的術語和規則取得共識。在可能的情況下，我們要求提供具體的範例來描述每一條規則。

我們會用商業術語來敘述這些規則（DDD 稱之為**統一術語**（*ubiquitous language*））。我們幫物件選擇易記的代號，以便輕鬆地討論範例。

「關於配貨的注意事項」展示我們與領域專家就配貨問題進行討論時，可能會記下來的一些注意事項。

關於配貨的注意事項

產品（*product*）是用 *SKU* 來識別的，讀成「skew」，它是 *stock-keeping unit*（**庫存單位**）的簡稱。**顧客**（*customer*）會下**訂單**（*order*）。訂單是用**訂單編號**（*order reference*）來識別的，每一張訂單有多個**訂單行**（*order line*），每一行都有一個 *SKU* 與**數量**（*quantity*）。例如：

- 10 單位的 RED-CHAIR
- 1 單位的 TASTELESS-LAMP

採購部會訂購小**批**（*batch*）的庫存，一個**貨批**（*batch*）庫存有一個稱為**參考**（*reference*）的專屬 ID，一個 *SKU* 與一個**數量**（*quantity*）。

我們要將**訂單行**（*order line*）**分配給貨批**（*batch*）。為訂單行分配一個貨批之後，我們必須將那一批特定的存貨送到顧客的收貨地址。當我們將 *x* 單位的庫存分配給一個貨批時，就要將**存貨量**減 *x*。例如：

- 我們有一個包含 20 張 SMALL-TABLE 的貨批，並且將 2 張 SMALL-TABLE 分配給一個訂單行（order line）。
- 貨批應剩下 18 張 SMALL-TABLE。

如果庫存量少於訂單行（order line）的數量，就不能分配貨批（batch）。例如：

- 我們有一個包含 1 塊 BLUE-CUSHION 的貨批，以及訂購 2 塊 BLUE-CUSHION 的訂單行（order line）。
- 我們不能將該行分到給貨批。

我們不能分配同一行兩次。例如：

- 我們有一個包含 10 個 BLUE-VASE 的貨批，並且幫一個購買 2 個 BLUE-VASE 的訂單行（order line）配貨。
- 如果我們再次為這個訂單行（order line）分配同一批貨，貨批的剩餘數量必須仍然是 8。

如果貨批正在運送中，它會有一個 *ETA*（**預計到達時間**），否則貨批應該在**倉庫庫存**（*warehouse stock*）中。我們會優先分配倉庫庫存，再分配運送中的貨批。我們按照 ETA 的順序來分配運送中的貨批。

使用測試領域模型

這本書不會告訴你 TDD 如何運作，但我們想要告訴你如何透過這次商務訪談來建構模型。

給讀者的習題

何不親自解決這個問題？編寫一些單元測試，看看你能不能用簡潔的程式來描述這些商務規則的本質。

你可以在 GitHub 找到一些占位（placeholder）單元測試（*https://github.com/cosmicpython/code/tree/chapter_01_domain_model_exercise*），但你也可以直接從零開始，或隨意組合 / 重寫它們。

這是我們的第一個測試：

「配貨」的第一個測試程式（*test_batches.py*）

```
def test_allocating_to_a_batch_reduces_the_available_quantity():
    batch = Batch("batch-001", "SMALL-TABLE", qty=20, eta=date.today())
    line = OrderLine('order-ref', "SMALL-TABLE", 2)

    batch.allocate(line)

    assert batch.available_quantity == 18
```

這個單元測試的名稱指出我們想要看到的系統行為，類別與變數的名稱來自商業術語。當我們讓非技術人員閱讀這段程式時，他們可以認同這段程式正確地描述了系統的行為。

這是符合我們需求的領域模型：

貨批（*batch*）的第一版領域模型（*model.py*）

```
@dataclass(frozen=True)  ❶❷
class OrderLine:
    orderid: str
    sku: str
    qty: int


class Batch:
    def __init__(
        self, ref: str, sku: str, qty: int, eta: Optional[date]  ❷
    ):
        self.reference = ref
        self.sku = sku
        self.eta = eta
        self.available_quantity = qty

    def allocate(self, line: OrderLine):
        self.available_quantity -= line.qty  ❸
```

❶ `OrderLine` 是一個沒有行為的不可變資料類別[2]。

❷ 為了保持簡潔，大多數的程式都不會列出 import，希望你可以猜到它是用 `from dataclasses import dataclass` 取得的，`typing.Optional` 與 `datetime.date` 也是如此。如果你想要再次檢查任何內容，你可以在各章的分支找到完整的程式碼（例如 chapter_01_domain_model（*https://github.com/python-leap/code/tree/chapter_01_domain_model*））。

❸ 在 Python 世界中，型態提示仍然是個有爭議的問題。對領域模型而言，它們有時可以幫助釐清或記錄預期的參數是什麼，使用 IDE 的人通常會很感激有它們。不過，或許你會認為使用它時付出的可讀性代價太高了。

2 在之前的 Python 版本中，我們可能會使用具名 tuple。你也可以使用 Hynek Schlawack 製作的 attrs（*https://pypi.org/project/attrs*）。

這段程式很簡單：Batch 只包含一個整數 available_quantity，我們會在配貨時減少這個值。雖然寫了這麼多程式只是為了將一個數字減去另一個數字，但是我們認為準確地建構領域模型是有好處的[3]。

我們來寫一些新的失敗測試（failing test）：

測試可以分配什麼東西的邏輯（*test_batches.py*）

```
def make_batch_and_line(sku, batch_qty, line_qty):
    return (
        Batch("batch-001", sku, batch_qty, eta=date.today()),
        OrderLine("order-123", sku, line_qty)
    )


def test_can_allocate_if_available_greater_than_required():
    large_batch, small_line = make_batch_and_line("ELEGANT-LAMP", 20, 2)
    assert large_batch.can_allocate(small_line)

def test_cannot_allocate_if_available_smaller_than_required():
    small_batch, large_line = make_batch_and_line("ELEGANT-LAMP", 2, 20)
    assert small_batch.can_allocate(large_line) is False

def test_can_allocate_if_available_equal_to_required():
    batch, line = make_batch_and_line("ELEGANT-LAMP", 2, 2)
    assert batch.can_allocate(line)

def test_cannot_allocate_if_skus_do_not_match():
    batch = Batch("batch-001", "UNCOMFORTABLE-CHAIR", 100, eta=None)
    different_sku_line = OrderLine("order-123", "EXPENSIVE-TOASTER", 10)
    assert batch.can_allocate(different_sku_line) is False
```

這裡沒有什麼特別的事情。我們重構了測試組，以免重複使用同樣幾行程式來建立貨批（batch）以及用一行程式建立相同 SKU；我們也為新方法 can_allocate 寫了四個簡單的測試程式。注意，我們使用的名稱同樣可以和領域專家使用的語言相應，我們取得共識的案例已經被直接寫成程式了。

我們可以直接實作它，編寫 Batch 的 can_allocate 方法：

模型中的新方法（*model.py*）

```
    def can_allocate(self, line: OrderLine) -> bool:
        return self.sku == line.sku and self.available_quantity >= line.qty
```

3 還是你認為程式不夠多？用某種方式檢查 OrderLine 裡面的 SKU 符合 Batch.sku 如何？我們將一些關於驗證的考量保留給附錄 E。

到目前為止，我們可以藉著增加與減少 Batch.available_quantity 來直接管理實作，但是當我們進入 deallocate() 測試程式時，我們將被迫使用比較巧妙的解決方案：

這項測試將需要比較巧妙的模型（*test_batches.py*）

```
def test_can_only_deallocate_allocated_lines():
    batch, unallocated_line = make_batch_and_line("DECORATIVE-TRINKET", 20, 2)
    batch.deallocate(unallocated_line)
    assert batch.available_quantity == 20
```

在這個測試中，我們斷言（assert）除非我們已經幫某一行（line）分配一個貨批，否則無法將那一行的配貨取消。為此，Batch 必須知道有哪幾行已經被配貨了。我們來看一下實作：

現在領域模型可追蹤配貨（*model.py*）

```
class Batch:
    def __init__(
        self, ref: str, sku: str, qty: int, eta: Optional[date]
    ):
        self.reference = ref
        self.sku = sku
        self.eta = eta
        self._purchased_quantity = qty
        self._allocations = set()  # 型態：Set[OrderLine]

    def allocate(self, line: OrderLine):
        if self.can_allocate(line):
            self._allocations.add(line)

    def deallocate(self, line: OrderLine):
        if line in self._allocations:
            self._allocations.remove(line)

    @property
    def allocated_quantity(self) -> int:
        return sum(line.qty for line in self._allocations)

    @property
    def available_quantity(self) -> int:
        return self._purchased_quantity - self.allocated_quantity

    def can_allocate(self, line: OrderLine) -> bool:
        return self.sku == line.sku and self.available_quantity >= line.qty
```

圖 1-3 是以 UML 繪出模型的情況。

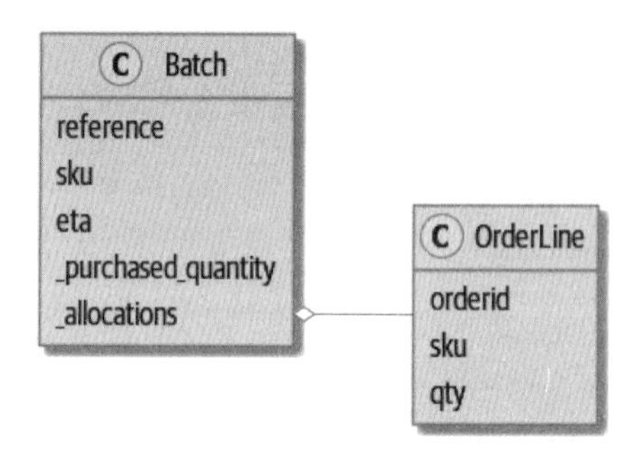

圖 1-3　以 UML 敘述模型

我們有了進展了！現在貨批（batch）可以追蹤一組已配貨的 OrderLine 物件。在配貨時，如果存貨量足夠，我們就直接將它加入集合（set）。現在 available_quantity 是一個算出來的 property：將採購量減去配貨量。

沒錯，我們還可以做很多事，雖然 allocate() 與 deallocate() 會沉默地失敗令人不安，但我們已經掌握基本狀況了。

順便說一下，讓 ._allocations 使用 set 可讓我們輕鬆地處理最後一項測試，因為在 set 裡面的項目都是唯一的：

最後一個貨批測試！（*test_batches.py*）

```
def test_allocation_is_idempotent():
    batch, line = make_batch_and_line("ANGULAR-DESK", 20, 2)
    batch.allocate(line)
    batch.allocate(line)
    assert batch.available_quantity == 18
```

此時，或許你會說這個領域模型太簡單了，不值得使用 DDD（甚至物件導向）。在真實世界中，有時會突然出現許多商務規則與邊緣案例，顧客可能會指定一個特定的到貨日期，這意味著我們可能不會將它們分配給最早的貨批。有些 SKU 沒有在貨批裡面，而是要視需求直接向供應商訂購，所以它們使用不同的邏輯。我們可以根據顧客的位置，只分配一部分的庫存，或是指派位於他們的區域的物流，如果本國的 SKU 缺貨，我們也樂於從其他地區的倉庫交貨，諸如此類。真正的公司知道複雜性會如何以更快的速度增加！

我們將這個簡單的領域模型當成更複雜的東西的占位（placeholder）模型，在本書的其餘部分會擴展這個簡單的領域模型，並且插入 API、資料庫與試算表。我們會看到堅守封裝原則以及謹慎地進行分層如何協助避免大泥球。

更多型態與更多型態提示

如果你真的想要盡情使用型態提示，你可以使用 typing.NewType 來包裝原始型態：

這就太過分了，*Bob*

```
from dataclasses import dataclass
from typing import NewType

Quantity = NewType("Quantity", int)
Sku = NewType("Sku", str)
Reference = NewType("Reference", str)
...

class Batch:
    def __init__(self, ref: Reference, sku: Sku, qty: Quantity):
        self.sku = sku
        self.reference = ref
        self._purchased_quantity = qty
```

舉例來說，這可讓型態檢查器確保我們不會將 Sku 傳到期望收到 Reference 的地方。

這種做法的好壞是有待商榷的[4]。

資料庫很適合值物件

我們在上面的程式中自由地使用 line，不過什麼是 line？在我們的商務語言中，一份訂單（*order*）有多行（*line*）項目，每一行都有一個 SKU 與一個數量。我們可以想像一個包含訂單資訊的 YAML 檔案可能長這樣：

以 *YAML* 描述訂單

```
Order_reference: 12345
Lines:
  - sku: RED-CHAIR
    qty: 25
  - sku: BLU-CHAIR
    qty: 25
  - sku: GRN-CHAIR
    qty: 25
```

4 這種做法很糟糕，拜託不要。——Harry

注意，雖然訂單有個用來識別的**參考**（*reference*），但**行**（*line*）沒有（即使我們在 OrderLine 類別加入訂單參考，它也不是可以唯一性地識別行（line）本身的東西）。

如果我們有個商務概念包含資料但沒有身分，我們通常會用 *Value Object*（**值物件**）模式來表示它。**值物件**是可以用它保存的資料來獨一無二地識別它自己的領域物件，我們通常讓它是不可變的：

OrderLine 是個值物件

```
@dataclass(frozen=True)
class OrderLine:
    orderid: OrderReference
    sku: ProductReference
    qty: Quantity
```

資料類別（或具名 tuple（namedtuple））提供一種很棒的特性——**值相等性**（*value equality*），意思是「如果兩個訂單行的 orderid、sku 與 qty 相同，它們就是相等的」。

更多值物件範例

```
from dataclasses import dataclass
from typing import NamedTuple
from collections import namedtuple

@dataclass(frozen=True)
class Name:
    first_name: str
    surname: str

class Money(NamedTuple):
    currency: str
    value: int

Line = namedtuple('Line', ['sku', 'qty'])

def test_equality():
    assert Money('gbp', 10) == Money('gbp', 10)
    assert Name('Harry', 'Percival') != Name('Bob', 'Gregory')
    assert Line('RED-CHAIR', 5) == Line('RED-CHAIR', 5)
```

這些值物件符合我們在真實世界中對於它們的值如何運作的直覺，我們討論的 £10 紙幣究竟是**哪一張**一點都不重要，因為它們都有相同的價值，同樣的，如果兩個名字的名與姓都相符，它們就是相等的，如果兩行（line）有相同的顧客訂單、產品代碼與數量，它們就是等效的。不過，我們仍然可以讓值物件具備複雜的行為，事實上，我們經常提供針對值的操作，例如數學運算子：

用值物件來運算

```
fiver = Money('gbp', 5)
tenner = Money('gbp', 10)

def can_add_money_values_for_the_same_currency():
    assert fiver + fiver == tenner

def can_subtract_money_values():
    assert tenner - fiver == fiver

def adding_different_currencies_fails():
    with pytest.raises(ValueError):
        Money('usd', 10) + Money('gbp', 10)

def can_multiply_money_by_a_number():
    assert fiver * 5 == Money('gbp', 25)

def multiplying_two_money_values_is_an_error():
    with pytest.raises(TypeError):
        tenner * fiver
```

值物件與實體

我們用訂單行（order line）的訂單 ID、SKU 與數量來唯一性地識別它，如果我們改變其中一個值，就會得到一個新行（line）。值物件是只用資料來識別而且沒有長期的身分的物件。那貨批（batch）呢？它是用參考（reference）來識別的。

我們使用**實體**（*entity*）來代表具備長期身分的領域物件。我們在上一頁建立一個 `Name` 類別作為值物件，如果我們取出姓名 Harry Percival 並且修改一個字母，我們就會得到新的 `Name` 物件 Barry Percival。

Harry Percival 不等於 Barry Percival 應該是再明顯不過的事情：

名字本身不能改變…

```
def test_name_equality():
    assert Name("Harry", "Percival") != Name("Barry", "Percival")
```

但如果 Harry 是**人**呢？有人可能改變他的名字、婚姻狀況，甚至性別，但我們仍然認為他是同一個人，因為人與姓名不同，具有持久性的**身分**：

但人可以！

```
class Person:

    def __init__(self, name: Name):
        self.name = name


def test_barry_is_harry():
    harry = Person(Name("Harry", "Percival"))
    barry = harry

    barry.name = Name("Barry", "Percival")

    assert harry is barry and barry is harry
```

實體與值不同，具備**身分相等性**（*identity equality*）。我們可以改變它們的值，並且仍然將它們視為同一個東西。在我們的例子中，貨批（batch）就是實體，我們可以將訂單行（line）分配給一個貨批，或改變它送達的日期，但它仍然是同一個實體。

在程式中，我們通常藉著對實體實作相等運算子來明確地指出這一點：

實作相等運算子（*model.py*）

```
class Batch:
    ...

    def __eq__(self, other):
        if not isinstance(other, Batch):
            return False
        return other.reference == self.reference

    def __hash__(self):
        return hash(self.reference)
```

Python 用 `__eq__` 魔術方法定義該類別在使用 `==` 運算子時的行為[5]。

我們也要想一下對實體與值物件而言，`__hash__` 該如何運作。這個方法是當你將物件加入 set，或將它當成 dict 的鍵來使用時，Python 用來控制物件行為的魔術方法，你可以在 Python 的文件找到更多資訊（*https://oreil.ly/YUzg5*）。

對值物件而言，hash 應該根據所有的值屬性，我們應該確保物件是不可變的，我們可以對資料類別指定 `@frozen=True` 來輕鬆地做到這一點。

5 `__eq__` 方法唸成「dunder-EQ」。至少有些人是這樣唸的啦！

對實體而言，最簡單的選項是指定 hash 是 None，代表該物件是不可 hash 的，而且（舉例）不能在 set 中使用。如果因為某些原因，你認為真的需要用實體來進行 set 或 dict 操作，hash 應該根據「可以長時間定義實體的唯一身分」的屬性，例如 .reference。你也要試著讓那個屬性是唯讀的。

這是一個麻煩的領域，你不應該只修改 __hash__ 而不修改 __eq__。如果你不確定做得對不對，推薦你一本參考書，我們的技術校閱 Hynek Schlawack 寫的「Python Hashes and Equality」（*https://oreil.ly/vxkgX*）是很好的起點。

並非所有東西都必須是物件：領域服務函式

我們已經做了一個代表貨批的模型了，但我們真正需要做的事情是將訂單列分配給代表所有庫存的貨批的特定集合。

> 有時，它根本不是個東西。
>
> —Eric Evans,《*Domain-Driven Design*》

Evans 曾經探討無法被自然地放在實體或值物件裡面的 Domain Service 操作的概念[6]。用一組貨批為一個訂單行（line）配貨的東西聽起來很像函式，我們可以利用 Python 是多範式（multiparadigm）語言這個事實，直接將它做成函式。

我們來看一下如何測試這種函式：

測試領域服務（*test_allocate.py*）

```
def test_prefers_current_stock_batches_to_shipments():
    in_stock_batch = Batch("in-stock-batch", "RETRO-CLOCK", 100, eta=None)
    shipment_batch = Batch("shipment-batch", "RETRO-CLOCK", 100, eta=tomorrow)
    line = OrderLine("oref", "RETRO-CLOCK", 10)

    allocate(line, [in_stock_batch, shipment_batch])

    assert in_stock_batch.available_quantity == 90
    assert shipment_batch.available_quantity == 100
```

6 領域服務與服務層的服務不一樣，雖然它們有密切的關係。領域服務代表一種商務概念或程序，而服務層的服務代表 app 的一個用例。通常服務層會呼叫領域服務。

```
def test_prefers_earlier_batches():
    earliest = Batch("speedy-batch", "MINIMALIST-SPOON", 100, eta=today)
    medium = Batch("normal-batch", "MINIMALIST-SPOON", 100, eta=tomorrow)
    latest = Batch("slow-batch", "MINIMALIST-SPOON", 100, eta=later)
    line = OrderLine("order1", "MINIMALIST-SPOON", 10)

    allocate(line, [medium, earliest, latest])

    assert earliest.available_quantity == 90
    assert medium.available_quantity == 100
    assert latest.available_quantity == 100


def test_returns_allocated_batch_ref():
    in_stock_batch = Batch("in-stock-batch-ref", "HIGHBROW-POSTER", 100, eta=None)
    shipment_batch = Batch("shipment-batch-ref", "HIGHBROW-POSTER", 100, eta=tomorrow)
    line = OrderLine("oref", "HIGHBROW-POSTER", 10)
    allocation = allocate(line, [in_stock_batch, shipment_batch])
    assert allocation == in_stock_batch.reference
```

我們的服務可能長這樣：

獨立的領域服務函式（*model.py*）

```
def allocate(line: OrderLine, batches: List[Batch]) -> str:
    batch = next(
        b for b in sorted(batches) if b.can_allocate(line)
    )
    batch.allocate(line)
    return batch.reference
```

Python 的魔術方法可讓我們以典型的 Python 風格使用模型

無論你喜不喜歡使用上面程式中的 `next()`，我們都相信你同意對著貨批 list 使用 `sorted()` 是很棒、很典型的 Python 風格。

為了讓它生效，我們在領域模型實作了 `__gt__`：

魔術方法可以表達領域語意（*model.py*）

```
class Batch:
    ...

    def __gt__(self, other):
        if self.eta is None:
            return False
```

```
        if other.eta is None:
            return True
        return self.eta > other.eta
```

真可愛。

例外也可以表達領域概念

我們還要探討最後一個概念：例外也可以表達領域概念。在與領域專家討論時，我們知道，我們可能因為**缺貨**而無法為訂單配貨，我們可以使用**領域例外**來描述這個概念：

測試缺貨例外（*test_allocate.py*）

```
def test_raises_out_of_stock_exception_if_cannot_allocate():
    batch = Batch('batch1', 'SMALL-FORK', 10, eta=today)
    allocate(OrderLine('order1', 'SMALL-FORK', 10), [batch])

    with pytest.raises(OutOfStock, match='SMALL-FORK'):
        allocate(OrderLine('order2', 'SMALL-FORK', 1), [batch])
```

領域建構回顧

領域建模

這是你的程式碼最接近商務、最有可能改變的部分，也是你為公司帶來最大價值的地方。把它寫得容易瞭解與修改。

區分實體與值物件

值物件是用它的屬性來定義的，將它做成不可變型態通常是最好的做法。一旦你改變 Value Object 的屬性，它就代表不同的物件了。相較之下，實體的屬性可能隨著時間改變，但它仍然是同一個實體。你必須定義**可以**唯一性地識別實體的東西（通常是某種名稱或參考欄位）。

並非所有東西都必須是物件

Python 是一種多範式語言，所以在程式中以函式來呈現「動詞」。對於 FooManager、BarBuilder 與 BazFactory，我們通常可以用比較富表達性與易讀的 manage_foo()、build_bar() 或 get_baz() 來取代。

> **這是使用最佳 *OO* 設計原則的時刻**
>
> 複習 SOLID 原則以及所有其他優秀的原則，例如「has a vs. is-a」、「優先使用組合而非繼承」等。
>
> **你也要考慮一致性界限與 *aggregate*（集合體）**
>
> 不過那是第 7 章的主題。

我們不想用太多實作來困擾你，不過要注意的是，我們會謹慎地幫統一術語之中的例外取名字，就像我們為實體、值物件與服務所做的那樣。

發出領域例外（*model.py*）

```
class OutOfStock(Exception):
    pass


def allocate(line: OrderLine, batches: List[Batch]) -> str:
    try:
        batch = next(
        ...
    except StopIteration:
        raise OutOfStock(f'Out of stock for sku {line.sku}')
```

圖 1-4 是視覺化的最終結果。

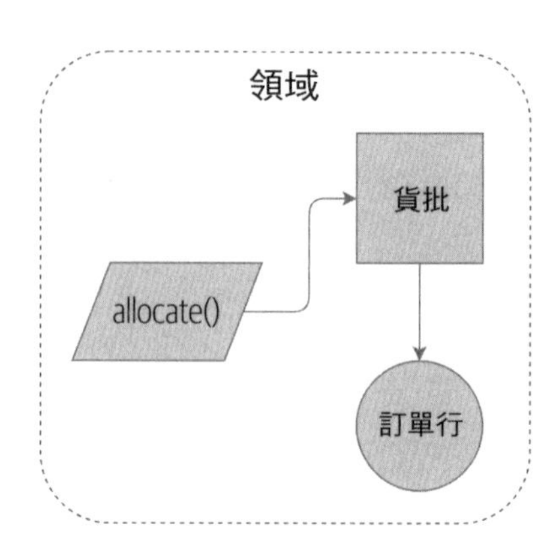

圖 1-4　本章結束時的領域模型

目前這樣大概就夠了！我們有個可讓第一個用例使用的領域服務了。但首先，我們需要資料庫⋯

第二章

Repository 模式

接下來要兌現我們的承諾了，也就是使用依賴反轉原則來解開核心邏輯與基礎設施之間的關係。

我們將介紹 *Repository* 模式，這是一種簡化資料儲存機制的抽象，可讓我們解開模型層與資料層之間的關係。我們將展示一個具體的範例，說明這種簡化抽象如何藉著隱藏資料庫的複雜性來讓系統更容易測試。

圖 2-1 是我們將要建構的東西：一個位於領域模型與資料庫之間的 `Repository` 物件。

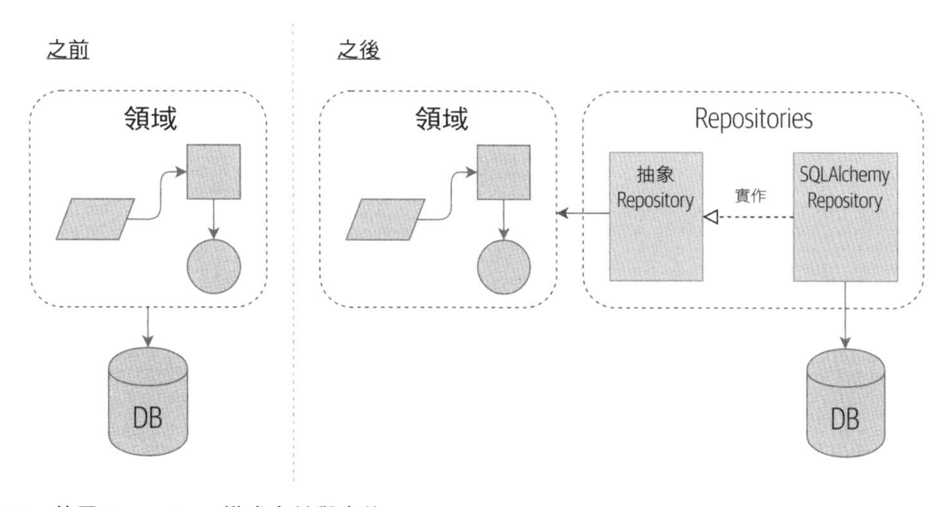

圖 2-1　使用 Repository 模式之前與之後

本章的程式碼位於 GitHub 的 chapter_02_repository 分支（*https://oreil.ly/6STDu*）。

```
git clone https://github.com/cosmicpython/code.git
cd code
git checkout chapter_02_repository
# 或是跟著寫程式，簽出上一章：
git checkout chapter_01_domain_model
```

持久保存領域模型

我們在第 1 章建立一個簡單的領域模型，它可以將訂單分配給庫存貨批。為這種程式編寫測試很簡單，因為它不需要設定任何依賴項目或基礎設施。如果我們需要運行資料庫或 API，以及建立測試資料，測試程式將會更難編寫與維護。

遺憾的是，總有一天，我們必須將完美的小模型交到用戶手上，面對真正的試算表、瀏覽器以及競賽條件（race condition）。在接下來幾章，我們要看一下如何將理想化的領域模型與外部狀態連接。

我們希望以敏捷的方式工作，所以首要任務是盡快開發最簡可行產品，在我們的例子中，它將是個 web API。在真正的專案中，你可能會一頭栽入端對端測試，並開始插入 web 框架，從外向內進行測試。

但是我們知道，無論如何，我們都需要某種永久儲存機制，這是一本教科書，所以我們可以允許自己多做一點由下而上（bottom-up）開發，開始考慮儲存體與資料庫。

一些虛擬碼：我們將需要什麼？

當我們建構第一個 API 時，我們知道將會有一些看起來類似下列內容的程式碼。

我們的第一個 *API* 端點將會長怎樣

```
@flask.route.gubbins
def allocate_endpoint():
    # 從請求取出訂單行
    line = OrderLine(request.params, ...)
    # 從 DB 載入所有貨批
    batches = ...
    # 呼叫領域服務
    allocate(line, batches)
```

```
    #接著以某種方式將配貨結果存回資料庫
    return 201
```

我們使用 Flask，因為它的輕量，但你不需要知道如何使用 Flask 就可以看這本書。事實上，我們會告訴你選擇框架的細節。

我們要設法從資料庫取出貨批資訊，並且用它來實例化領域模型物件，我們也要設法將它們存回資料庫。

你說什麼？噢，「gubbins」在英國是「stuff（東西）」的意思。你可以直接忽略它。它只是虛擬碼，OK？

對資料存取使用 DIP

正如引言所述，分層架構經常被用來建構具備 UI、一些邏輯與資料庫的系統（見圖 2-2）。

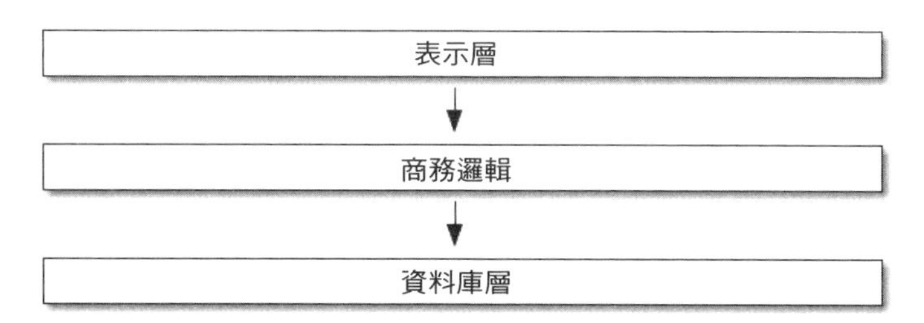

圖 2-2　分層架構

Django 提出的 Model-View-Template 架構有緊密的關係，與 Model-View-Controller（MVC）一樣。無論如何，它們的目的是讓各層保持分離（這是一件好事），並且只讓每一層都只依靠它的下一層。

但我們希望領域模型*沒有任何依賴關係*[1]。我們不希望基礎設施問題滲入領域模型，進而減緩單元測試，或降低修改的容易程度。

1　我們的意思是「沒有『有狀態』的依賴項目」，它可以依靠輔助程式庫，但不能依靠 ORM 或 web 框架。

相反，如引言所述，我們認為模型位於「內部」，而且依賴關係是往內流向它，這就是大家有時說的*洋蔥架構*（見圖 2-3）。

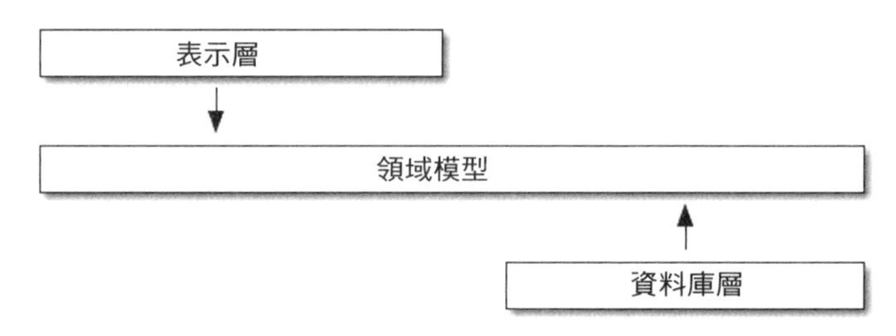

圖 2-3　洋蔥架構

這是 Port 還是 Adapter

如果你曾經看過架構模式文獻，你可能會有這些疑問：

> 這是 port（連接埠）還是 adapter（配接器）？還是六邊形架構？它與洋蔥架構一樣嗎？整潔（clean）架構呢？什麼是 port，什麼是 adapter？為什麼你們要用這麼多名字稱呼同一件事？

雖然有些人喜歡計較差異，但它們都代表同一件事，它們都可歸結為依賴反轉原則：高階模組（領域）應該依賴低階模組（基礎設施）[2]。

稍後會深入探討「依靠抽象」的細節，以及有沒有符合 Python 典型風格的介面等效物。你也可以看一下第 38 頁的「在 Python 中，什麼是 Port？什麼是 Adapter？」。

複習：我們的模型

我們來複習一下領域模型（見圖 2-4）：配貨（allocation）就是將 `OrderLine` 連接到一個 `Batch` 的概念。我們以集合的形式將配貨（allocation）儲存在 `Batch` 物件內。

2　Mark Seemann 有篇很棒的部落格文章探討這個主題（*https://oreil.ly/LpFS9*）。

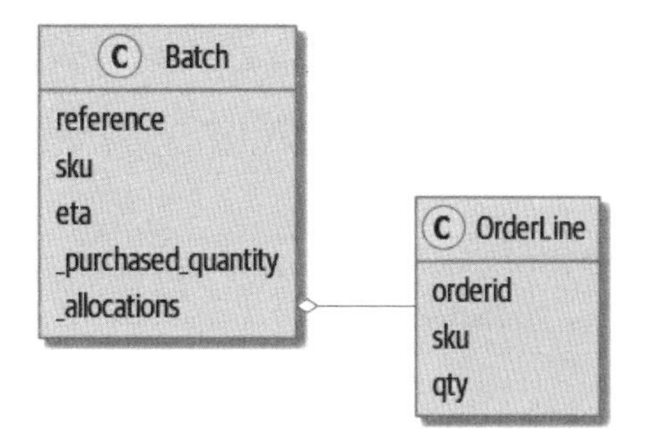

圖 2-4　我們的模型

我們來看看如何將它轉換成關聯式資料庫。

「一般」的 ORM 方式：模型依靠 ORM

你的團隊最近應該不會親手處理自己的 SQL 查詢了，你們應該會用某種框架，根據模型物件產生 SQL。

這些框架稱為**物件關係對映器**（ORM），因為它們的存在是為了彌合物件世界、領域建模、資料庫世界與關係代數之間的概念鴻溝。

ORM 最重要的功能是**持久忽略**（*persistence ignorance*），這個概念的意思是領域模型不需要知道關於資料如何載入或持久保存的任何事情，它可以協助領域不直接依賴特定的資料庫技術[3]。

但如果你遵守典型的 SQLAlchemy 指導，你會得到這種結果：

SQLAlchemy「宣告式」語法，模型依靠 ORM（orm.py）

```
from sqlalchemy import Column, ForeignKey, Integer, String
from sqlalchemy.ext.declarative import declarative_base
from sqlalchemy.orm import relationship

Base = declarative_base()

class Order(Base):
    id = Column(Integer, primary_key=True)

class OrderLine(Base):
    id = Column(Integer, primary_key=True)
```

3　在這個意義上，使用 ORM 本身就是一個 DIP 案例了。我們依靠一個抽象，即 ORM，而不是依靠寫死的 SQL。但是這對我們來說還不夠——至少在這本書裡面還不行！

```
    sku = Column(String(250))
    qty = Integer(String(250))
    order_id = Column(Integer, ForeignKey('order.id'))
    order = relationship(Order)

class Allocation(Base):
    ...
```

你不需要瞭解 SQLAlchemy 就可以知道這個原始的模型已經完全依賴 ORM，看起來就像地獄一般醜陋。我們真的可以說這個模型不在乎資料庫是什麼嗎？當模型屬性與資料庫欄位直接耦合時，它怎麼可能與儲存問題無關？

Django 的 ORM 本質上是相同的，但限制性更強

如果你比較習慣 Django，上述的「宣告式」SQLAlchemy 程式可翻譯成這樣：

Django ORM 範例

```
class Order(models.Model):
    pass

class OrderLine(models.Model):
    sku = models.CharField(max_length=255)
    qty = models.IntegerField()
    order = models.ForeignKey(Order)

class Allocation(models.Model):
    ...
```

重點還是一樣——模型類別直接繼承 ORM 類別，所以模型依賴 ORM。我們希望它是反過來的。

Django 並未提供相當於 SQLAlchemy 的經典對映器的東西，但是附錄 D 有一些範例說明如何對 Django 使用依賴反轉與 Repository 模式。

反轉依賴關係：ORM 依靠模型

還好，SQLAlchemy 還有別的用法。另一種做法是分別定義綱要（schema），並且定義一個明確的 *mapper*（對映器），在綱要與領域模型之間進行轉換，SQLAlchemy 稱之為 classical mapping（*https://oreil.ly/ZucTG*）：

用 *SQLAlchemy Table* 物件來進行明確的 *ORM* 對映（*orm.py*）

```
from sqlalchemy.orm import mapper, relationship

import model  ❶


metadata = MetaData()

order_lines = Table(  ❷
    'order_lines', metadata,
    Column('id', Integer, primary_key=True, autoincrement=True),
    Column('sku', String(255)),
    Column('qty', Integer, nullable=False),
    Column('orderid', String(255)),
)

...

def start_mappers():
    lines_mapper = mapper(model.OrderLine, order_lines)  ❸
```

❶ ORM 匯入（或「依靠」或「知道」）領域模型，而不是相反的情況。

❷ 使用 SQLAlchemy 的抽象來定義資料庫的表（table）與欄位[4]。

❸ 當我們呼叫 mapper 函式時，SQLAlchemy 會施展它的魔法，將領域模型類別連接到我們定義的各個表（table）。

最終的結果是，當我們呼叫 start_mappers 時，我們就可以輕鬆地從資料庫載入領域模型實例，以及將領域模型實例存入資料庫。但如果我們從未呼叫那個函式，領域模型類別就可以開心地完全不知道資料庫。

這種做法可以提供 SQLAlchemy 的所有好處，包括使用 alembic 來遷移（migration），以及使用領域模型來透明地查詢，稍後你會看到。

當你初次建立 ORM 配置時，為它編寫測試程式應該很有幫助，見這個範例：

直接測試 *ORM*（拋棄式測試）（*test_orm.py*）

```
def test_orderline_mapper_can_load_lines(session):  ❶
    session.execute(
        'INSERT INTO order_lines (orderid, sku, qty) VALUES '
```

4 即使在不使用 ORM 的專案中，我們通常也會同時使用 SQLAlchemy 和 Alembic 在 Python 中宣告性地建立綱要，並管理遷移、連結與對話（session）。

```
        '("order1", "RED-CHAIR", 12),'
        '("order1", "RED-TABLE", 13),'
        '("order2", "BLUE-LIPSTICK", 14)'
    )
    expected = [
        model.OrderLine("order1", "RED-CHAIR", 12),
        model.OrderLine("order1", "RED-TABLE", 13),
        model.OrderLine("order2", "BLUE-LIPSTICK", 14),
    ]
    assert session.query(model.OrderLine).all() == expected


def test_orderline_mapper_can_save_lines(session):
    new_line = model.OrderLine("order1", "DECORATIVE-WIDGET", 12)
    session.add(new_line)
    session.commit()

    rows = list(session.execute('SELECT orderid, sku, qty FROM "order_lines"'))
    assert rows == [("order1", "DECORATIVE-WIDGET", 12)]
```

❶ 如果你沒有用過 pytest，我要稍微解釋一下傳給這項測試的 `session` 引數。就本書的目的而言，你不需要關心 pytest 或其 fixture 的細節，不過簡單來說，你可以將測試程式常用的依賴項目定義成「fixture」，接下來 pytest 可以藉著察看測試函式的引數，將 fixture 注入需要它們的測試。在這個例子中，它是 SQLAlchemy 資料庫 session。

你應該不會保留這些測試——你很快就會看到，一旦你反轉 ORM 與領域模型的依賴關係，實作 Repository 模式的抽象就只是額外的小步驟，為它編寫測試比較簡單，而且它提供一個簡單的介面，可在稍後的測試中進行偽裝。

但我們已經實現目標，將傳統的依賴關係反轉過來了，我們維持領域模型的「單純」並且免於煩惱基礎設施。我們可以捨棄 SQLAlchemy，並使用不同的 ORM，或完全不同的持久保存系統，根本不需要改變領域模型。

取決於你在領域模型裡面做的事情，尤其是當你偏離 OO 範式時，你可能會發現越來越難以讓 ORM 產生你需要的確切行為，而且你可能需要修改領域模型[5]。在進行架構決策時經常發生這種情況，你必須做出取捨。正如 Zen of Python 所言，「實用勝過純粹！」

5 我們向可以提供很大幫助的 SQLAlchemy 維護人員大聲呼籲，特別是 Mike Bayer。

不過，此時，我們的 API 端點可能看起來像下面這樣，我們可以讓它正常運作：

在 API 端點內直接使用 SQLAlchemy

```
@flask.route.gubbins
def allocate_endpoint():
    session = start_session()

    # 從請求取出訂單行
    line = OrderLine(
        request.json['orderid'],
        request.json['sku'],
        request.json['qty'],
    )

    # 從 DB 載入所有貨批
    batches = session.query(Batch).all()

    # 呼叫領域服務
    allocate(line, batches)

    # 將配貨結果存回資料庫
    session.commit()

    return 201
```

Repository 模式介紹

Repository 模式是位於持久儲存體上面的抽象。它藉著假裝所有的資料都在記憶體裡面來隱藏無聊的資料存取細節。

如果桌機有無限記憶體，我們就不需要笨重的資料庫了，我們可以隨意使用物件。那會是什麼樣子？

你必須從某處取得資料

```
import all_my_data

def create_a_batch():
    batch = Batch(...)
    all_my_data.batches.add(batch)

def modify_a_batch(batch_id, new_quantity):
    batch = all_my_data.batches.get(batch_id)
    batch.change_initial_quantity(new_quantity)
```

即使物件在記憶體內，我們也必須將它們放在下次可以找到的**地方**。在記憶體內的資料可讓我們加入新物件，像是 list 或 set。因為物件在記憶體內，我們不需要呼叫 `.save()` 方法，只要抓取我們在乎的物件，並且在記憶體內修改它即可。

抽象的 repository

最簡單的 repository 只有兩個方法：將新項目放入 repository 的 `add()`，以及回傳之前加入的項目的 `get()`[6]。我們在領域與服務層裡面堅持使用這些方法來存取資料。這種自訂的簡化可防止我們讓領域模型與資料庫耦合。

這是 repository 的抽象基礎類別（ABC）的樣子：

最簡單的 *repository*（*repository.py*）

```
class AbstractRepository(abc.ABC):

    @abc.abstractmethod  ❶
    def add(self, batch: model.Batch):
        raise NotImplementedError  ❷

    @abc.abstractmethod
    def get(self, reference) -> model.Batch:
        raise NotImplementedError
```

❶ Python 小提示：`@abc.abstractmethod` 是讓 ABC 在 Python 中實際「運作」的東西之一。Python 會拒絕你實例化未實作其父類別定義的所有 `abstractmethods` 的類別[7]。

❷ 雖然發出 `NotImplementedError` 很好，但是這既不必要也不充分。事實上，抽象方法可以具備子類別可以使用的實際行為，如果你想的話。

抽象基礎類別、鴨子定型與協定

本書使用抽象基礎類別是為了進行教學：我們希望它們可以協助解釋什麼是 repository 抽象的介面。

6 你可能會想「那 `list` 或 `delete` 或 `update` 呢？」但是，在理想情況下，我們會一次修改一個模型物件，刪除通常是以軟刪除來處理的，即 `batch.cancel()`。最後，更新是由 Unit of Work 模式負責的，第 6 章會介紹。

7 為了真正獲得 ABC 的好處，你可以執行 `pylint` 與 `mypy` 之類的輔助程式。

> 在真實世界中，我們發現程式中的 ABC 有時會被刪除，因為 Python 讓它太容易被忽略了，最終會讓它未受維護，在最壞的情況下，還會產生誤導。在實務上，我們通常直接使用 Python 的鴨子定型來製作抽象。對 Python 忠實支持者而言，repository 是具備 `add(thing)` 與 `get(id)` 方法的任何物件。
>
> 另一種做法是使用 PEP 544 協定（*https://oreil.ly/q9EPC*），它可讓你在定型時不可能使用繼承，「寧可選擇組合而不使用繼承」規則的擁護者特別喜歡它。

優缺點是什麼？

> 有沒有聽過經濟學家知道所有東西的價格，卻不知道任何東西的價值？其實，程式員知道所有東西的好處，卻不懂得權衡取捨。
>
> ——Rich Hickey

當我們在本書介紹架構模式時，都會問「我們可以從中得到什麼？以及它需要什麼代價？」

我們通常至少會加入一層額外的抽象，雖然我們希望抽象層可以降低整體的複雜性，但它會增加局部的複雜性，而且它的成本與活動元件（moving part）的原始數量以及後續維護情況有關。

不過，如果你已經走在 DDD 和依賴反轉的道路上，Repository 模式應該是本書最簡單的選項之一。就我們的程式而言，我們其實只是將 SQLAlchemy 抽象（`session.query(Batch)`）換成我們自行設計的另一種抽象（`batches_repo.get`）。

雖然每當我們加入之後想取出來的新領域物件時，就要在 repository 類別裡面寫幾行程式，但是我們可以在資料庫層上面建立一個簡單的抽象，它是我們可以控制的。Repository 模式可讓我們對儲存的方式進行根本性的更改（見附錄 C），而且我們將會看到，它很容易為單元測試進行偽造（fake out）。

此外，由於 Repository 在 DDD 世界太常見了，所以如果你的合作夥伴來自 Java 與 C# 世界，他們應該可以認出這種模式。圖 2-5 是這種模式。

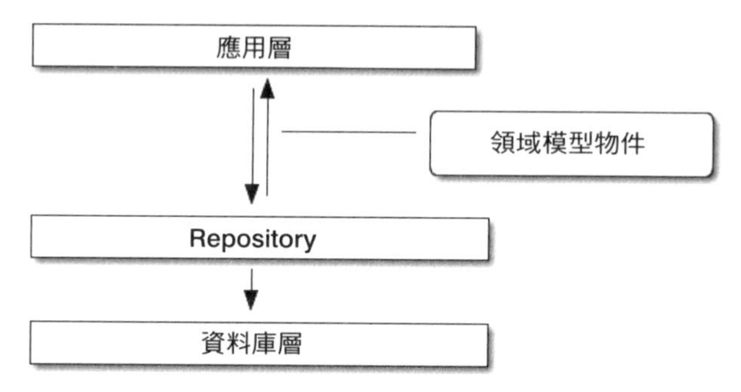

圖 2-5 Repository 模式

一如往常，我們從測試開始寫起。這個測試應該屬於整合測試，因為我們測試的是程式（repository）是否與資料庫正確地整合；因此，測試程式往往會混合 SQL 以及針對我們自己的程式碼的呼叫與斷言。

與之前的 ORM 測試不同的是，這些測試很適合長期放在基礎程式裡面，特別是當領域模型有任何部分意味著物件關聯對映很複雜時。

Repository 測試，儲存物件（*test_repository.py*）

```
def test_repository_can_save_a_batch(session):
    batch = model.Batch("batch1", "RUSTY-SOAPDISH", 100, eta=None)

    repo = repository.SqlAlchemyRepository(session)
    repo.add(batch)  ❶
    session.commit()  ❷

    rows = list(session.execute(
        'SELECT reference, sku, _purchased_quantity, eta FROM "batches"'  ❸
    ))
    assert rows == [("batch1", "RUSTY-SOAPDISH", 100, None)]
```

❶ `repo.add()` 是被測試的方法。

❷ 我們將 `.commit()` 放在 repository 外面，並且讓它由呼叫方負責。這種做法有好有壞，第 6 章會說明一些理由。

❸ 我們使用原始 SQL 來確認正確的資料已被儲存。

下一個測試涉及取回貨批與配貨，所以比較複雜：

Repository 測試，取回複雜物件（*test_repository.py*）

```
def insert_order_line(session):
    session.execute(  ❶
        'INSERT INTO order_lines (orderid, sku, qty)'
        ' VALUES ("order1", "GENERIC-SOFA", 12)'
    )
    [[orderline_id]] = session.execute(
        'SELECT id FROM order_lines WHERE orderid=:orderid AND sku=:sku',
        dict(orderid="order1", sku="GENERIC-SOFA")
    )
    return orderline_id

def insert_batch(session, batch_id):  ❷
    ...

def test_repository_can_retrieve_a_batch_with_allocations(session):
    orderline_id = insert_order_line(session)
    batch1_id = insert_batch(session, "batch1")
    insert_batch(session, "batch2")
    insert_allocation(session, orderline_id, batch1_id)  ❸

    repo = repository.SqlAlchemyRepository(session)
    retrieved = repo.get("batch1")

    expected = model.Batch("batch1", "GENERIC-SOFA", 100, eta=None)
    assert retrieved == expected  # Batch.__eq__ 只比較參考  ❸
    assert retrieved.sku == expected.sku  ❹
    assert retrieved._purchased_quantity == expected._purchased_quantity
    assert retrieved._allocations == {  4
        model.OrderLine("order1", "GENERIC-SOFA", 12),
    }
```

❶ 這是測試讀取方，所以這個原始 SQL 正在準備資料讓 `repo.get()` 讀取。

❷ 省略 `insert_batch` 與 `insert_allocation` 的細節，重點是建立一些貨批，並且將既有的訂單行分配給貨批。

❸ 這就是我們要驗證的東西。第一個 `assert ==` 確認型態相符，而且參考（reference）是一樣的（你應該記得，`Batch` 是個實體，我們為它訂製一個 *eq*）。

❹ 我們也明確地檢查它的主要屬性，包括 `._allocations`，它是 `OrderLine` 值物件的 Python set。

你必須自行判斷要不要幫每個模型煞費苦心地編寫測試。一旦你對一個類別進行了建立 / 修改 / 儲存測試，你應該會很樂意對其他的類別進行最簡單的往返（round-trip）測試，甚至可以什麼都不做，如果它們都遵循類似的模式的話。在我們的例子中，設定 `._allocations` set 的 ORM 組態有點複雜，所以值得進行專門的測試。

最後你會得到這種東西：

典型的 *repository*（*repository.py*）

```
class SqlAlchemyRepository(AbstractRepository):

    def __init__(self, session):
        self.session = session

    def add(self, batch):
        self.session.add(batch)

    def get(self, reference):
        return self.session.query(model.Batch).filter_by(reference=reference).one()

    def list(self):
        return self.session.query(model.Batch).all()
```

現在我們的 Flask 端點可能長得像這樣：

在 *API* 端點直接使用我們的 *repository*

```
@flask.route.gubbins
def allocate_endpoint():
    batches = SqlAlchemyRepository.list()
    lines = [
        OrderLine(l['orderid'], l['sku'], l['qty'])
         for l in request.params...
    ]
    allocate(lines, batches)
    session.commit()
    return 201
```

給讀者的習題

幾天前，我們在一場 DDD 會議上遇到一位朋友，他說：「我不使用 ORM 10 年了。」Repository 模式與 ORM 都是在原始 SQL 前面的抽象，所以沒必要在其中一個的後面使用另一個。何不試著在不使用 ORM 的情況下實作我們的 repository ？你可以在 GitHub 找到程式碼（*https://github.com/cosmicpython/code/tree/chapter_02_repository_exercise*）。

我們已經離開 repository 測試了，你必須自行釐清要寫什麼 SQL。或許它比你想像的困難，或許它比較簡單。不過往好的方面想，你的 app 的其餘部分並不在乎它。

現在建立偽 Repository 來進行測試變得很簡單了！

這是 Repository 模式最大的好處：

使用 *set* 的偽 *repository*（*repository.py*）

```
class FakeRepository(AbstractRepository):

    def __init__(self, batches):
        self._batches = set(batches)

    def add(self, batch):
        self._batches.add(batch)

    def get(self, reference):
        return next(b for b in self._batches if b.reference == reference)

    def list(self):
        return list(self._batches)
```

因為它是包在 set 外面的簡單包裝（wrapper），所以每個方法都只有一行程式。

在測試程式中使用偽 repo 非常簡單，我們有一個容易使用與理解的簡單抽象：

使用偽 *repository*（*test_api.py*）

```
fake_repo = FakeRepository([batch1, batch2, batch3])
```

下一章會展示這個 fake（偽造物）的行為。

為抽象建構 fake 是獲得設計回饋的好方法，如果抽象很難偽造，或許是因為它太複雜了。

在 Python 中，什麼是 Port ？什麼是 Adapter ？

我們不想要在這裡花太多時間探討術語，因為我們關注的重點是依賴反轉，你所使用的技術細節沒有太大的影響。不過，我們也發現，大家使用的定義略有不同。

port 與 adapter 來自 OO 世界，我們採用的定義是：*port* 是介於 app 以及想要抽象化的任何東西之間的**介面**，而 *adapter* 是在介面或抽象後面的**實作**。

現在 Python 本身沒有介面，所以雖然 adapter 很容易辨識，但 port 比較難以定義。如果你使用抽象基礎類別，它就是 port，如果你沒有使用它，port 只是你的 adapter 遵守的，以及核心 app 期望的鴨子型態，也就是你所使用的函式與方法名稱，以及它們的引數名稱與型態。

具體來說，在這一章裡面，`AbstractRepository` 就是 port，`SqlAlchemyRepository` 與 `FakeRepository` 是 adapter。

結語

我們謹記 Rich Hickey 的叮嚀，在每一章總結各個架構模式的成本與收益。聲明一下，我們沒有說每一個 app 都必須採取這種建構方式，而是在某些情況下，因為 app 與領域的複雜性，我們可以投入時間與精力來加入額外的間接層。

知道這一點之後，表 2-1 列出 Repository 模式以及可忽略持久保存機制的模型的優缺點。

表 2-1　Repository 模式與持久忽略：優缺點

優點	缺點
• 在持久資料庫與領域模型之間有個簡單的介面。 • 因為我們將模型與基礎設施考量完全解耦，所以很容易製作偽 repository 來進行單元測試，或更換不同的儲存方案。 • 因為無需考慮持久保存機制即可編寫領域模型，所以我們可以聚焦於眼前的商務問題。如果我們想要從根本上改變方法，我們可以在模型中這樣做，之後再考慮外鍵（foreign key）或遷移（migration）。 • 資料庫綱要非常簡單，因為我們可以百分之百控制如何將物件對映至資料表。	• ORM 已經有一些解耦了。雖然改變外鍵有時很難，但是在必要時，在 MySQL 與 Postgres 之間進行更換應該很容易。 • 親手維護 ORM 對映需要額外的精力與程式碼。 • 額外的間接層都一定會提升維護成本，也為讓從未見過 Repository 模式的 Python 程式員增加「WTF 因素」。

圖 2-6 是基本理論：是的，對簡單的案例而言，解耦的領域模型比簡單的 ORM/ActiveRecord 模式[8] 更難使用。

如果你的 app 只是包著資料庫的 CRUD（create-read-update-delete）的包裝，你就不需要領域模型或 repository。

但是領域越複雜，你對於「讓自己無需考慮基礎設施」方面的投資越多就越容易讓你以後可以輕鬆地進行修改。

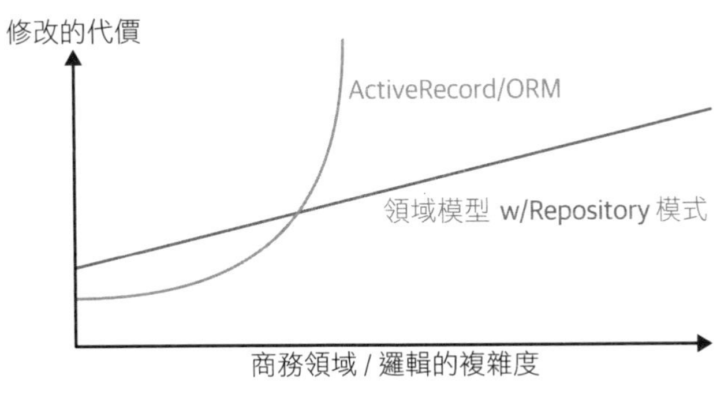

圖 2-6　領域模型的取捨

8　本圖的靈感來自 Rob Vens 發表的文章「Global Complexity, Local Simplicity」（*https://oreil.ly/fQXkP*）。

我們的範例不夠複雜，只能大致提示圖的右側長怎樣，不過它仍然是存在的。舉例來說，想像一下，如果有一天我們決定改變配貨（allocation），將它放在 `OrderLine`，而不是 `Batch` 物件：如果我們使用 Django，在執行任何測試之前，我們就必須定義與考慮資料庫遷移。因為我們的模型只是普通的 Python 物件，我們可以將 `set()` 改成一個新屬性，以後再來考慮資料庫。

Repository 模式複習

對你的 ORM 執行依賴反轉

模型不應該考慮基礎設施問題，所以 ORM 應該匯入模型，而非反其道而行。

Repository 模式是在永久儲存體外面的簡單抽象

repository 提供「記憶體內有一群物件」的錯覺。它可讓你輕鬆地建立測試用的 `FakeRepository`，以及換掉基礎設施的細節，而不至於破壞核心 app。附錄 C 有一個範例。

你可能會問，我們如何將這些 repository 實例化，無論是假的還是真的？我們的 Flask app 會是什麼樣子？在下一個令人期待的部分——Service Layer 模式中，你將會找到答案。

不過，我要先簡單地討論一些題外話。

第三章

簡短插曲：關於耦合與抽象

親愛的讀者，請容許我們暫時偏離抽象這個主題。我們已經談了很多關於**抽象**的事情了。例如，Repository 模式是位於持久儲存體上面的抽象。但是什麼是好的抽象？我們想要從抽象得到什麼？還有，它們與測試有什麼關係？

本章的程式碼位於 GitHub 上的 chapter_03_abstractions 分支（*https://oreil.ly/k6MmV*）：

```
git clone https://github.com/cosmicpython/code.git
git checkout chapter_03_abstractions
```

本書有一個關鍵主題隱藏在花俏的模式之中：我們可以用簡單的抽象來隱藏複雜的細節。當我們撰寫休閒程式，或是在 kata 中編寫程式時[1]，我們可以自由發揮創意、付諸實踐，並積極進行重構。但是在大型系統中，我們就會受限於系統的別處所做的決策。

當我們因為擔心破壞元件 B 而不想要改變元件 A 時，代表這些元件已經**耦合**了。在局部區域中，耦合是件好事，它象徵程式碼一起工作，每一個元件都支援其他元件，就像手錶的齒輪一樣各得其所。用專業術語來說，這種情況會在耦合的元素之間具備高**內聚**時發生。

從全局來看，耦合是一種討厭的問題：它會增加修改程式的風險與成本，有時甚至到了讓人覺得根本無法做任何修改的程度。這正是大泥球模式的問題，隨著 app 的成長，如果我們無法防止無內聚性的元素之間的耦合，耦合就會以超線性的趨勢增加，最後我們將無法有效地更改系統。

---

1 kata 是小規模的程式設計挑戰賽，通常用來演練 TDD。見 Peter Provost 寫的「Kata——The Only Way to Learn TDD」（*https://oreil.ly/vhjju*）。

我們可以透過將細節抽象化（圖 3-2）來降低系統中的耦合程度（圖 3-1）。

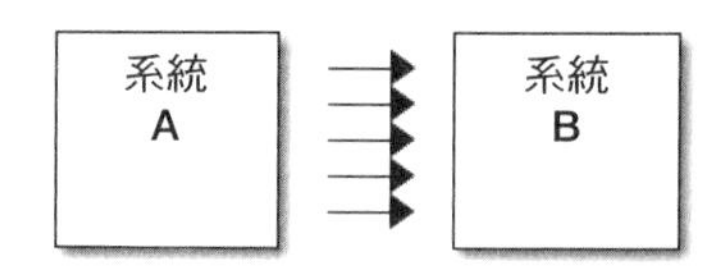

圖 3-1 許多耦合

圖 3-2 較少耦合

這兩張圖有兩個副系統，一個依靠另一個。在圖 3-1 中，兩者之間高度耦合，箭頭數量代表兩者之間有許多依賴關係。如果我們需要修改系統 B，修改的東西極有可能波及系統 A。

但是在圖 3-2 中，我們透過插入一個新的、比較簡單的抽象來降低耦合程度。因為抽象比較簡單，系統 A 對抽象的依賴性較低。抽象藉著隱藏系統 B 所做的任何事情的複雜細節來保護我們免受修改的影響——我們可以在不改變左邊的箭頭的情況下改變右邊的箭頭。

將狀態抽象化有助於測試

我們來看一個範例。假設我們想要寫一段程式來同步兩個檔案目錄，我們稱之為 *source*（來源）與 *destination*（目標）：

- 如果有一個檔案在 source 裡面，但是沒有在 destination 裡面，就將檔案複製過去。
- 如果有一個檔案在 source 裡面，但是它的名稱與在 destination 內的不同，那就修改 destination 的檔名來讓它們相符。
- 如果有一個檔案在 destination 裡面，但是沒有在 source 裡面，那就移除它。

第一個與第三個需求都很簡單，我們只要比較兩個路徑串列即可。但是第二個比較麻煩，為了偵測名稱的改變，我們必須察看檔案的內容，對此，我們可以使用 MD5 或 SHA-1 等雜湊函式。用一個檔案產生 SHA-1 雜湊的程式很簡單：

產生檔案雜湊（*sync.py*）

```
BLOCKSIZE = 65536

def hash_file(path):
    hasher = hashlib.sha1()
    with path.open("rb") as file:
        buf = file.read(BLOCKSIZE)
        while buf:
            hasher.update(buf)
            buf = file.read(BLOCKSIZE)
    return hasher.hexdigest()
```

接下來我們要編寫「決定該做什麼」的程式碼，也就是商務邏輯。

當我們必須根據第一原理（first principle）來處理問題時，通常會先試著編寫一個簡單的作品，再將它重構成更好的設計。本書將採取這種做法，因為它就是我們實際寫程式的方法：先寫出問題的一小部分的解決方案，再反覆讓解決方案更豐富，並且擁有更好的設計。

我們的第一種黑客式（hackish）做法是這樣：

基本同步演算法（*sync.py*）

```
import hashlib
import os
import shutil
from pathlib import Path

def sync(source, dest):
    # 遍歷 source 資料夾，並且建構一個由檔名還有它們的雜湊組成的字典
    source_hashes = {}
    for folder, _, files in os.walk(source):
        for fn in files:
            source_hashes[hash_file(Path(folder) / fn)] = fn

    seen = set()  # 追蹤我們在 target 找到的檔案

    # 遍歷 target 資料夾，並且取得檔名與雜湊
    for folder, _, files in os.walk(dest):
        for fn in files:
            dest_path = Path(folder) / fn
            dest_hash = hash_file(dest_path)
            seen.add(dest_hash)

            # 如果有檔案出現在目標，但是沒有在來源，刪除它
```

```
            if dest_hash not in source_hashes:
                dest_path.remove()

            # 如果有檔案出現在目標，但是在來源有不同的路徑，
            # 將它移到正確的路徑
            elif dest_hash in source_hashes and fn != source_hashes[dest_hash]:
                shutil.move(dest_path, Path(folder) / source_hashes[dest_hash])

    # 將每一個出現在來源但是沒有在目標的檔案
    # 複製到目標
    for src_hash, fn in source_hashes.items():
        if src_hash not in seen:
            shutil.copy(Path(source) / fn, Path(dest) / fn)
```

太棒了！我們寫了一些程式，而且看起來 OK，但是我們應該先測試它，才能在硬碟上執行它，我們該如何測試這種東西？

一些端對端測試（*test_sync.py*）

```
def test_when_a_file_exists_in_the_source_but_not_the_destination():
    try:
        source = tempfile.mkdtemp()
        dest = tempfile.mkdtemp()

        content = "I am a very useful file"
        (Path(source) / 'my-file').write_text(content)

        sync(source, dest)

        expected_path = Path(dest) /  'my-file'
        assert expected_path.exists()
        assert expected_path.read_text() == content

    finally:
        shutil.rmtree(source)
        shutil.rmtree(dest)


def test_when_a_file_has_been_renamed_in_the_source():
    try:
        source = tempfile.mkdtemp()
        dest = tempfile.mkdtemp()

        content = "I am a file that was renamed"
        source_path = Path(source) / 'source-filename'
        old_dest_path = Path(dest) / 'dest-filename'
        expected_dest_path = Path(dest) / 'source-filename'
```

```
        source_path.write_text(content)
        old_dest_path.write_text(content)

        sync(source, dest)

        assert old_dest_path.exists() is False
        assert expected_dest_path.read_text() == content


    finally:
        shutil.rmtree(source)
        shutil.rmtree(dest)
```

哇，我們為兩個簡單的案例做了好多東西！問題出在我們的領域邏輯「找出兩個目錄之間的區別」的做法與 I/O 程式有密切的關係。我們無法在不呼叫 `pathlib`、`shutil` 與 `hashlib` 模組的情況下找出差異。

麻煩的地方在於，即使目前的需求如此，我們也沒有編寫足夠的測試：目前的實作有幾個 bug（例如，`shutil.move()` 是錯的）。若要實現良好的覆蓋率和揭露這些 bug，我們就必須編寫更多測試，但如果它們都像上面的那些那樣臃腫，我們很快就會痛苦不堪。

最重要的是，我們的程式不太容易擴展。想像一下，當我們想要實作一個 `--dry-run` 旗標來讓程式印出它準備做的事情，而不是真正做那件事時會如何？或者，如果我們想要同步至遠端伺服器，或雲端儲存區？

高階程式與低階細節耦合讓我們很辛苦。隨著需要考慮的情境越來越複雜，測試程式會越來越臃腫。我們當然可以重構這些測試（例如，將一些清理工作放入 pytest fixture），但是只要我們進行檔案系統操作，它們就會變得很慢，而且難以閱讀與編寫。

選擇正確的抽象

我們該如何改寫程式來讓它更容易被測試？

首先，我們要想一下程式需要從檔案系統得到哪些東西。閱讀程式之後，我們可以看到三件不同的事情。我們可以將它們視為程式的三種不同的**職責**：

1. 使用 `os.walk` 來查詢檔案系統，並且為一系列的路徑算出雜湊。這個動作在 source 與 destination 案例中很相似。

2. 確定檔案是新的、改過名稱的還是多的。

3. 複製、移動或刪除檔案，來與 source 相符。

請記得，我們想要為這些職責找出**簡化抽象**，用它來隱藏混亂的細節，讓我們專注於感興趣的邏輯[2]。

在這一章，我們要重構一些粗糙的程式，將它變成更容易測試的結構，方法是找出需要完成的各項工作，並且為每一項工作指定一個定義明確的參與者（actor），類似 duckduckgo 範例。

在第 1 步與第 2 步，我們已經直觀地使用一個抽象了，包含雜湊對路徑的字典。你可能在想「為什麼不幫 destination 資料夾與 source 資料夾都建立字典，然後比較兩個字典就好了？」這似乎是將檔案系統的當前狀態抽象化的好方法：

```
source_files = {'hash1': 'path1', 'hash2': 'path2'}
dest_files = {'hash1': 'path1', 'hash2': 'pathX'}
```

那如果從第 2 步到第 3 步呢？我們如何將實際的移動 / 複製 / 刪除等檔案系統互動抽象化？

我們在這裡使用一種接下來會廣泛使用的技巧。我們要把「我們想做**什麼**」以及「**如何**做」分開，讓程式輸出一串類似這樣的指令：

```
("COPY", "sourcepath", "destpath"),
("MOVE", "old", "new"),
```

接下來，我們寫的測試可以只接收兩個檔案系統字典，並且輸出包含代表動作的字串 tuple 的串列。

我們不是說「檢查當我針對這個真正的檔案系統執行函式時發生了哪些動作」，而是說「針對這個檔案系統的**抽象**，將會發生哪些檔案系統動作的**抽象**？」

簡化的測試輸入與輸出（*test_sync.py*）

```
def test_when_a_file_exists_in_the_source_but_not_the_destination():
    src_hashes = {'hash1': 'fn1'}
    dst_hashes = {}
    expected_actions = [('COPY', '/src/fn1', '/dst/fn1')]
    ...

def test_when_a_file_has_been_renamed_in_the_source():
    src_hashes = {'hash1': 'fn1'}
    dst_hashes = {'hash1': 'fn2'}
    expected_actions == [('MOVE', '/dst/fn2', '/dst/fn1')]
    ...
```

2　如果你習慣以介面來思考，那就是我們在這裡要定義的。

實作我們選擇的抽象

聽起來很棒，但我們如何實際編寫那些新的測試，以及如何更改實作，讓一切正常運作？

我們的目標是隔離系統的巧妙部分（clever part）並徹底地測試它，而且不設置真正的檔案系統。我們將建立一個不依賴外部狀態的程式「核心」，看看當我們從外界提供輸入時，它會如何反應（Gary Bernhardt 將這種方法稱為 Functional Core, Imperative Shell（*https://oreil.ly/wnad4*）或 FCIS）。

我們先從分離程式碼開始，將有狀態的部分與邏輯分開。

我們的頂層函式幾乎沒有任何邏輯，它只是一系列必要的步驟：收集輸入、呼叫邏輯、執行輸出：

將程式拆成三個（*sync.py*）

```
def sync(source, dest):
    # imperative shell 步驟 1，收集輸入
    source_hashes = read_paths_and_hashes(source)  ❶
    dest_hashes = read_paths_and_hashes(dest)  ❶

    # 步驟 2：呼叫功能核心
    actions = determine_actions(source_hashes, dest_hashes, source, dest)  ❷

    # imperative shell 步驟 3，執行輸出
    for action, *paths in actions:
        if action == 'copy':
            shutil.copyfile(*paths)
        if action == 'move':
            shutil.move(*paths)
        if action == 'delete':
            os.remove(paths[0])
```

❶ 這是我們分出來的第一個函式，`read_paths_and_hashes()`，它將 app 的 I/O 部分隔離出來。

❷ 這是劃分功能核心的地方，即商務邏輯。

現在建立路徑與雜湊的字典就很簡單了：

只做 *I/O* 的函式（*sync.py*）

```
def read_paths_and_hashes(root):
    hashes = {}
    for folder, _, files in os.walk(root):
        for fn in files:
            hashes[hash_file(Path(folder) / fn)] = fn
    return hashes
```

determine_actions() 函式將是商務邏輯的核心，它的意思是「對於這兩組雜湊與檔名，我們該複製 / 移動 / 刪除什麼？」。它接收簡單的資料結構，並回傳簡單的資料結構：

只做商務邏輯的函式（*sync.py*）

```
def determine_actions(src_hashes, dst_hashes, src_folder, dst_folder):
    for sha, filename in src_hashes.items():
        if sha not in dst_hashes:
            sourcepath = Path(src_folder) / filename
            destpath = Path(dst_folder) / filename
            yield 'copy', sourcepath, destpath

        elif dst_hashes[sha] != filename:
            olddestpath = Path(dst_folder) / dst_hashes[sha]
            newdestpath = Path(dst_folder) / filename
            yield 'move', olddestpath, newdestpath

    for sha, filename in dst_hashes.items():
        if sha not in src_hashes:
            yield 'delete', dst_folder / filename
```

現在測試程式直接使用 determine_actions() 函式：

比較美觀的測試（*test_sync.py*）

```
def test_when_a_file_exists_in_the_source_but_not_the_destination():
    src_hashes = {'hash1': 'fn1'}
    dst_hashes = {}
    actions = determine_actions(src_hashes, dst_hashes, Path('/src'), Path('/dst'))
    assert list(actions) == [('copy', Path('/src/fn1'), Path('/dst/fn1'))]
...

def test_when_a_file_has_been_renamed_in_the_source():
    src_hashes = {'hash1': 'fn1'}
    dst_hashes = {'hash1': 'fn2'}
    actions = determine_actions(src_hashes, dst_hashes, Path('/src'), Path('/dst'))
    assert list(actions) == [('move', Path('/dst/fn2'), Path('/dst/fn1'))]
```

因為我們已經將程式的邏輯（識別更改的程式）與底層的 I/O 細節分開了，所以可以輕鬆地測試程式的核心。

藉由這種方法，我們從測試主入口函式 `sync()` 改成測試更低階的函式——`determine_actions()`。或許你認為原本的做法沒什麼問題，因為 `sync()` 現在還很簡單，或是你決定保留一些整合 / 驗收測試來測試 `sync()`。但是我們有另一個選項，即修改 `sync()` 函式，讓它可以用單元測試與端對端測試來測試，Bob 將這種做法稱為 *edge-to-edge*（邊對邊）測試。

用 fake 與依賴注入來進行邊對邊測試

當我們編寫新系統時，通常會先專注於核心邏輯，直接用單元測試來驅動它。不過，到了某個時候，我們會一起測試系統更大的部分。

雖然我們**可以**回到端對端測試，但它們仍然跟之前一樣，寫起來很麻煩，也很難維護。我們通常會改變做法，將測試寫成一起呼叫整個系統，不過會偽造 I/O ，有點像邊對邊：

明確的依賴關係（*sync.py*）

```
def sync(reader, filesystem, source_root, dest_root): ❶

    source_hashes = reader(source_root) ❷
    dest_hashes = reader(dest_root)

    for sha, filename in src_hashes.items():
        if sha not in dest_hashes:
            sourcepath = source_root / filename
            destpath = dest_root / filename
            filesystem.copy(destpath, sourcepath) ❸

        elif dest_hashes[sha] != filename:
            olddestpath = dest_root / dest_hashes[sha]
            newdestpath = dest_root / filename
            filesystem.move(olddestpath, newdestpath)

    for sha, filename in dst_hashes.items():
        if sha not in source_hashes:
            filesystem.delete(dest_root/filename)
```

❶ 現在頂層函式公開兩個依賴項目，`reader` 與 `filesystem`。

❷ 呼叫 `reader` 來製作檔案 dict。

❸ 呼叫 `filesystem` 執行我們偵測到的變更。

雖然我們使用依賴注入，但我們不需要定義抽象基礎類別或任何一種明確的介面。這本書通常會展示 ABC，因為我們用它們來讓你瞭解什麼是抽象，但它們不是必需的。Python 的動態性質意味著我們永遠都可以依靠鴨子定型。

使用 DI 來測試

```
class FakeFileSystem(list): ❶

    def copy(self, src, dest): ❷
        self.append(('COPY', src, dest))

    def move(self, src, dest):
        self.append(('MOVE', src, dest))

    def delete(self, dest):
        self.append(('DELETE', src, dest))


def test_when_a_file_exists_in_the_source_but_not_the_destination():
    source = {"sha1": "my-file" }
    dest = {}
    filesystem = FakeFileSystem()

    reader = {"/source": source, "/dest": dest}
    synchronise_dirs(reader.pop, filesystem, "/source", "/dest")

    assert filesystem == [("COPY", "/source/my-file", "/dest/my-file")]


def test_when_a_file_has_been_renamed_in_the_source():
    source = {"sha1": "renamed-file" }
    dest = {"sha1": "original-file" }
    filesystem = FakeFileSystem()

    reader = {"/source": source, "/dest": dest}
    synchronise_dirs(reader.pop, filesystem, "/source", "/dest")

    assert filesystem == [("MOVE", "/dest/original-file", "/dest/renamed-file")]
```

❶ Bob 喜歡使用串列來建構簡單的測試替身（test double），雖然這樣做會讓他的同事火大。這種做法意味著我們可以編寫 `assert foo not in database` 這種測試。

❷ 在 `FakeFileSystem` 裡面的各個方法會附加某個東西至串列，讓我們稍後可以察看它。這是個間諜（spy）物件例子。

這種做法的優點在於，測試互動的對象就是最終程式使用的那個函式。缺點是我們必須將有狀態的元件明確化，並且四處傳遞它們。Ruby on Rails 的作者 David Heinemeier Hansson 給它一個著名的名稱——test-induced design damage。

在這兩種情況下，我們都可以修復實作的所有 bug，現在為所有邊緣案例列出測試簡單多了。

何不直接修補它？

此時你可能會抓著頭想著「為什麼不直接使用 `mock.patch` 來節省精力？」

我們避免在本書中使用 mock，在成品程式中也是如此。雖然我們不想捲入聖戰，但我們直覺地認為，mock 框架，尤其是 monkeypatch，是一種代碼異味。

相反，我們喜歡明確地識別基礎程式中的職責，將這些職責分成小的、有重點的物件，並且讓它可以被輕鬆地換成測試替身。

你可以看一下第 8 章的範例，在那裡，雖然我們 `mock.patch()` 一個寄出 email 的模組，但最後，我們在第 13 章將它換成明確的依賴注入。

我們的偏好有三個密切相關的原因：

- 雖然 patch 出依賴項目可以讓你對程式進行單元測試，但它對改善設計毫無幫助。使用 `mock.patch` 無法讓程式使用 `--dry-run` 旗標，也不能協助你對著 FTP 伺服器執行。對此，你必須使用抽象。
- 使用 mock 的測試程式往往與基礎程式實作細節有比較緊密的關係，因為 mock 測試驗證的是東西之間的互動，例如，我們是否使用正確的引數來呼叫 `shutil.copy`？根據我們的經驗，這種介於程式與測試之間的耦合往往會讓測試更脆弱。
- 過度使用 mock 會讓複雜的測試套件無法解釋程式碼。

「在設計時考慮可測試性」實際上意味著「在設計時考慮可擴展性」，我們是用多一點複雜性來換取更簡潔的設計，以容許新的用例。

mock vs. fake；古典風 vs. 倫敦學院 TDD

下面的簡單定義說明 mock 與 fake 之間的區別：

- mock 的用途是確認某個東西是**如何**被使用的，它們有 `assert_called_once_with()` 之類的方法。它們與倫敦學院（London-school）TDD 有關。
- fake 是它們想要取代的東西的可運作（working）實作，但它們設計上只用於測試。它們不會在「真實生活」中運作，我們的 in-memory repository 就是一個好例子。但是你可以用它們來斷言系統的最終狀態，而不是過程中的行為，所以它們與古典風（classic-style）TDD 有關。

我們在此稍微將 mock、spy、fake 與 stub 混為一談，你可以在 Martin Fowler 探討這個主題的經典文章「Mocks Aren't Stubs」（*https://oreil.ly/yYjBN*）裡面找到正確的答案。

嚴格說來，`unittest.mock` 提供的 `MagicMock` 不是 mock，它們是 spy，但它們也經常被當成 stub 或 dummy 來使用。好了，我保證接下來不會對測試替身術語進行鑽牛角尖的討論了。

那麼倫敦學院 vs. 古典風 TDD 呢？你可以從我們之前介紹的 Martin Fowler 的文章，以及 Software Engineering Stack Exchange 網站（*https://oreil.ly/H2im_*）進一步瞭解兩者，不過在這本書，我們堅定地站在古典陣營這邊。我們喜歡圍繞著設定與斷言裡面的狀態建構測試程式，我們也喜歡在盡可能高的抽象級別上工作，而不是檢查中間合作者的行為[3]。

進一步訊息請參考第 73 頁的「決定編寫哪種測試」。

我們認為 TDD 是先設計實踐法（practice），再測試實踐。測試是關於「我們如何選擇設計」的紀錄，可以在很久之後閱讀程式時為我們解釋系統。

3 我們的意思不是倫敦學院是錯的，其實有些很聰明的人就是這樣子工作的，只是我們不習慣這種做法。

當測試程式使用太多 mock 時，我們真正關心的事情會被一大堆設定程式碼淹沒。

Steve Freeman 曾經在他的演說「Test-Driven Development」（*https://oreil.ly/jAmtr*）裡面提到一個很棒的過度使用 mock 的測試案例。你也可以看一下這個 PyCon 演說，「Mocking and Patching Pitfalls」（*https://oreil.ly/s3e05*）。它談到 mock 與它的替代方案，這部影片來自我們尊敬的技術校閱 Ed Jung。除了我們推薦的演說之外，請勿錯過 Brandon Rhodes 關於「Hoisting Your I/O」（*https://oreil.ly/oiXJM*）的演講，他很好地涵蓋我們探討的問題，使用另一個簡單的例子。

在這一章，我們花了很多時間將端對端測試換成單元測試，我們的意思不是絕對不要使用 E2E 測試！我們在這本書展示的技巧是為了讓你用盡可能多的單元測試，以及最少的 E2E 測試，有信心地打造一個合適的測試金字塔。更詳細的內容見第 79 頁的「回顧：各種測試類型的經驗法則」。

那麼，我們在這本書使用哪一種？功能還是物件導向組合？

兩者。我們的領域模型完全沒有依賴項目與副作用，所以它是功能核心，我們圍繞著它建立的服務層（第 4 章）可讓我們邊對邊地驅動系統，我們也使用依賴注入來提供有狀態的元件給這些服務，所以仍然可以對它們進行單元測試。

第 13 章會更詳細地介紹如何讓依賴注入更明確與更集中。

結語

本書會不斷重複這個概念：藉著簡化商務邏輯與混亂的 I/O 之間的介面，我們可以讓系統更容易測試與維護。找出正確的抽象不太容易，不過你可以問自己這些原則與問題：

- 我可以選擇熟悉的 Python 資料結構來代表混亂系統的狀態，再試著寫一個函式來回傳該狀態嗎？
- 我該在不同系統之間的何處劃下界線？我可以在哪裡拉開一條細縫（*https://oreil.ly/zNUGG*）並塞入抽象？

- 如何巧妙地將不同的東西劃分成具有不同職責的元件？有哪些隱性的概念可以明確化？
- 依賴項目有哪些？核心商務邏輯是什麼？

熟能生巧！接下來我們要回到正常的程式設計主題了…

第四章

我們的第一個用例：Flask API 與服務層

現在要回到我們的配貨專案了！圖 4-1 是第 2 章結束時的狀態，當時我們討論了 Repository 模式。

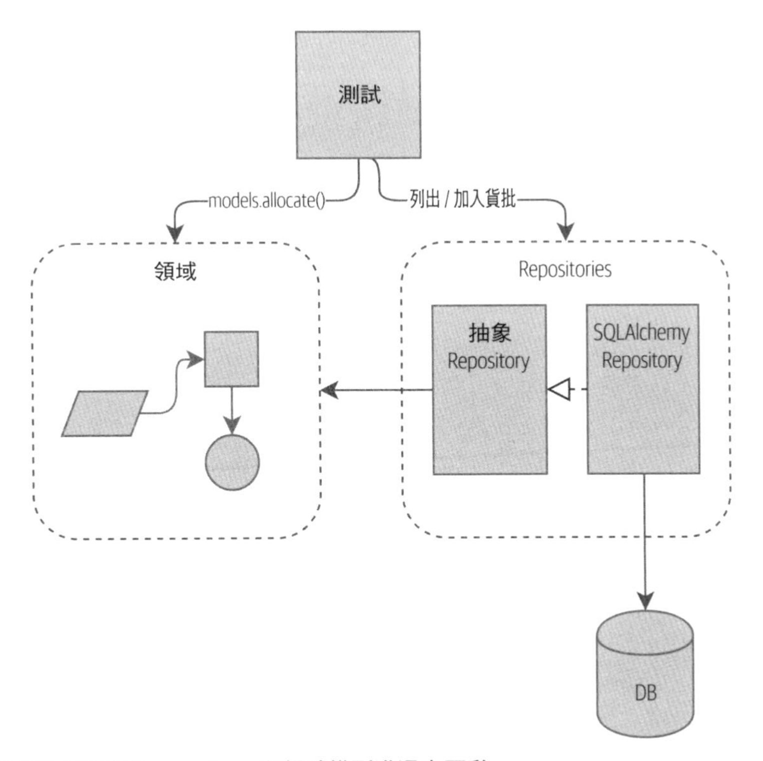

圖 4-1　前情回顧：藉著與 repository 和領域模型溝通來驅動 app

在這一章，我們要討論協作（orchestration）邏輯、商務邏輯與介面程式之間的差異，以及介紹用來協調工作流程與定義系統用例的 *Service Layer* 模式。

我們也會討論測試：藉著結合 Service Layer 與資料庫上面的 repository 抽象，我們可以快速地編寫測試，不只可以針對領域模型，也可以針對某個用例的整個工作流程。

圖 4-2 是我們的目標：我們要加入一個與服務層溝通的 Flask API，它是領域模型的入口。因為服務層依靠 `AbstractRepository`，我們可以使用 `FakeRepository` 來對它進行單元測試，使用 `SqlAlchemyRepository` 來執行成品程式。

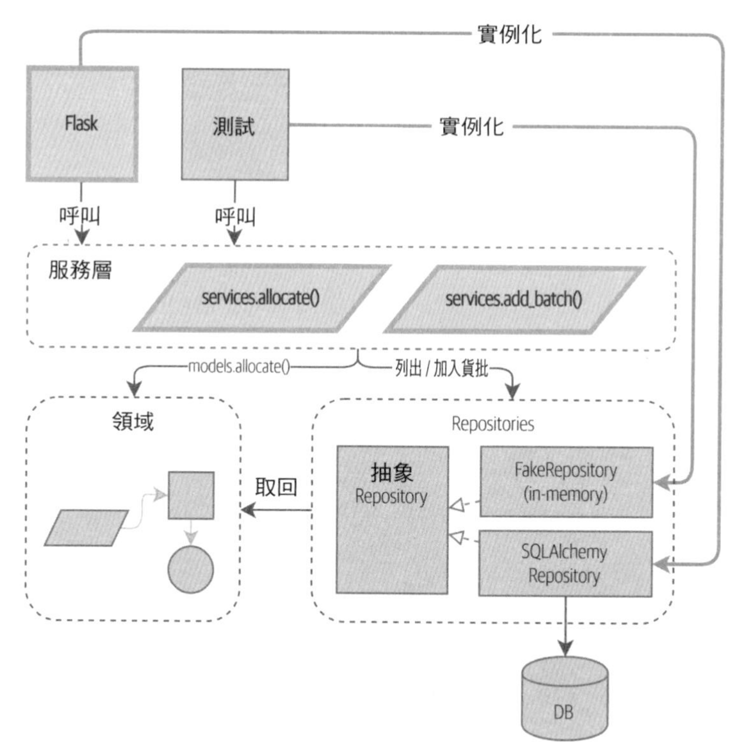

圖 4-2　服務層變成進入 app 的主要道路

在圖表中，我們用粗體文字 / 實線來突顯新元件（以及黃色 / 橘色，如果你閱讀的是數位版）。

本章的程式碼位於 GitHub 的 chapter_04_service_layer 分支（*https://oreil.ly/TBRuy*）：

```
git clone https://github.com/cosmicpython/code.git
cd code
git checkout chapter_04_service_layer
# 或是若要一起寫程式，簽出第 2 章：
git checkout chapter_02_repository
```

將 App 與真實世界連接

如同任何一個敏捷的團隊，我們也想要努力做出一個 MVP，放在用戶前面，開始收集回饋。我們有領域模型核心，以及為訂單配貨的領域服務，還有用來進行持久儲存的 repository 介面。

接下來我們要盡快將所有元件組合起來，再重構成更整潔的架構。我們打算：

1. 使用 Flask 在 `allocate` 領域服務前面放一個 API 端點。連接資料庫 session 與我們的 repository。用端對端測試來測試它，並且用一些簡單方便的 SQL 來準備測試資料。
2. 重構服務層，該層位於 Flask 與領域模型之間，作為描述用例的抽象。建構一些服務層測試，展示它們如何使用 `FakeRepository`。
3. 讓服務層函式使用各種不同的參數來進行實驗，展示使用原始資料型態可讓服務層的用戶端（我們的測試和 Flask API）與模型層解耦。

第一個端對端測試

沒有人喜歡爭論什麼是端對端（E2E）測試、功能測試、驗收測試、整合測試、單元測試，不同的專案需要不同的測試組合，我們已經看過，成功的專案只會將事情分成「快速測試」與「緩慢測試」。

目前我們想要編寫一至兩個測試來檢驗「真正」的 API 端點（使用 HTTP），並且與真正的資料庫溝通，我們將它們稱為**端對端測試**，因為它是最不需要解釋的名稱。

下面是第一版：

第一個 *API* 測試（*test_api.py*）

```
@pytest.mark.usefixtures('restart_api')
def test_api_returns_allocation(add_stock):
```

```
    sku, othersku = random_sku(), random_sku('other')  ❶
    earlybatch = random_batchref(1)
    laterbatch = random_batchref(2)
    otherbatch = random_batchref(3)
    add_stock([  ❷
        (laterbatch, sku, 100, '2011-01-02'),
        (earlybatch, sku, 100, '2011-01-01'),
        (otherbatch, othersku, 100, None),
    ])
    data = {'orderid': random_orderid(), 'sku': sku, 'qty': 3}
    url = config.get_api_url()  ❸
    r = requests.post(f'{url}/allocate', json=data)
    assert r.status_code == 201
    assert r.json()['batchref'] == earlybatch
```

❶ `random_sku()`、`random_batchref()` 等等是小型的輔助函式，可使用 `uuid` 模組產生隨機字元。因為我們現在對著實際的資料庫執行程式，這是防止各種測試與執行回合互相干擾的一種方法。

❷ `add_stock` 是個輔助 fixture，它的目的只是為了隱藏親自使用 SQL 將資料列插入資料庫的細節。本章稍後會展示更好的做法。

❸ *config.py* 是一個模組，我們在裡面保存組態資訊。

每個人會用不同的方式解決這些問題，不過你要設法啟動 Flask，或許是在容器內，以及設法和 Postgres 資料庫溝通。如果你想要知道怎麼做，可參考附錄 B。

簡單的實作

用最直接的方式來實作的話，你會得到這樣的程式：

Flask app 的第一版（*flask_app.py*）

```
from flask import Flask, jsonify, request
from sqlalchemy import create_engine
from sqlalchemy.orm import sessionmaker

import config
import model
import orm
import repository


orm.start_mappers()
```

```
get_session = sessionmaker(bind=create_engine(config.get_postgres_uri()))
app = Flask(__name__)

@app.route("/allocate", methods=['POST'])
def allocate_endpoint():
    session = get_session()
    batches = repository.SqlAlchemyRepository(session).list()
    line = model.OrderLine(
        request.json['orderid'],
        request.json['sku'],
        request.json['qty'],
    )

    batchref = model.allocate(line, batches)

    return jsonify({'batchref': batchref}), 201
```

到目前為止一切都很好，或許你會認為這次不需要聽 Bob 與 Harry 兩個「架構太空人」的廢話了。

但是等一下，這裡沒有提交（commit），我們其實沒有將配貨（allocation）存入資料庫。現在我們需要進行第二次測試，或許是檢查資料庫狀態（不太黑箱），或許是檢查當第一個訂單行已經耗盡貨批時，該貨批就不能分配給第二行：

測試配貨已被持久保存（*test_api.py*）

```
@pytest.mark.usefixtures('restart_api')
def test_allocations_are_persisted(add_stock):
    sku = random_sku()
    batch1, batch2 = random_batchref(1), random_batchref(2)
    order1, order2 = random_orderid(1), random_orderid(2)
    add_stock([
        (batch1, sku, 10, '2011-01-01'),
        (batch2, sku, 10, '2011-01-02'),
    ])
    line1 = {'orderid': order1, 'sku': sku, 'qty': 10}
    line2 = {'orderid': order2, 'sku': sku, 'qty': 10}
    url = config.get_api_url()

    # 第一個訂單耗盡貨批 1 的所有庫存
    r = requests.post(f'{url}/allocate', json=line1)
    assert r.status_code == 201
    assert r.json()['batchref'] == batch1

    # 第二個訂單應該用貨批 2 來配貨
    r = requests.post(f'{url}/allocate', json=line2)
```

```
    assert r.status_code == 201
    assert r.json()['batchref'] == batch2
```

雖然不太完美，但它會迫使我們加入提交（commit）。

需要進行資料庫檢查的錯誤條件

但是，如果我們繼續這樣做下去，事情會變得越來越糟。

假如我們想要加入一些錯誤處理。如果領域（domain）發出錯誤訊息，指出某個 SKU 缺貨了怎麼辦？或是某項 SKU 根本不存在？這是領域根本不知道的事情，也不應該知道。這是應該在資料庫層實作的健全性檢查，甚至在呼叫領域服務之前就要做。

接著我們再來看兩個端對端測試：

在 E2E 層的更多測試（test_api.py）

```
@pytest.mark.usefixtures('restart_api')
def test_400_message_for_out_of_stock(add_stock):  ❶
    sku, smalL_batch, large_order = random_sku(), random_batchref(), random_orderid()
    add_stock([
        (smalL_batch, sku, 10, '2011-01-01'),
    ])
    data = {'orderid': large_order, 'sku': sku, 'qty': 20}
    url = config.get_api_url()
    r = requests.post(f'{url}/allocate', json=data)
    assert r.status_code == 400
    assert r.json()['message'] == f'Out of stock for sku {sku}'


@pytest.mark.usefixtures('restart_api')
def test_400_message_for_invalid_sku():  ❷
    unknown_sku, orderid = random_sku(), random_orderid()
    data = {'orderid': orderid, 'sku': unknown_sku, 'qty': 20}
    url = config.get_api_url()
    r = requests.post(f'{url}/allocate', json=data)
    assert r.status_code == 400
    assert r.json()['message'] == f'Invalid sku {unknown_sku}'
```

❶ 在第一個測試中，我們試著分配超出庫存量的單位。

❷ 在第二個測試中，SKU 不存在（因為我們從未呼叫 add_stock），所以對 app 而言，它是無效的。

當然，我們也可以在 Flask app 中實作它：

Flask app 開始混亂了（*flask_app.py*）

```
def is_valid_sku(sku, batches):
    return sku in {b.sku for b in batches}

@app.route("/allocate", methods=['POST'])
def allocate_endpoint():
    session = get_session()
    batches = repository.SqlAlchemyRepository(session).list()
    line = model.OrderLine(
        request.json['orderid'],
        request.json['sku'],
        request.json['qty'],
    )

    if not is_valid_sku(line.sku, batches):
        return jsonify({'message': f'Invalid sku {line.sku}'}), 400

    try:
        batchref = model.allocate(line, batches)
    except model.OutOfStock as e:
        return jsonify({'message': str(e)}), 400

    session.commit()
    return jsonify({'batchref': batchref}), 201
```

但是我們的 Flask app 開始臃腫起來了。而且 E2E 測試的數量已經開始失控了，我們很快就會得到一個顛倒過來的測試金字塔（Bob 喜歡叫它「冰淇淋甜筒杯（ice-cream cone）模型」）。

服務層簡介，使用 FakeRepository 來單元測試它

看一下 Flask app 所做的事情，裡面有許多可以稱為**協作**（*orchestration*）的事情——從 repository 取出東西，用資料庫狀態來驗證輸入、處理錯誤，以及在快樂路徑上的提交。這些事情大都與「使用 web API 端點」無關（如果你要建構 CLI，你就需要它們，見附錄 C），它們不是真正需要使用端對端測試來測試的東西。

將服務層分離出來通常很有用處，有時它被稱為**協作層**（*orchestration layer*）或**用例層**（*use-case layer*）。

還記得我們在第 3 章準備的 `FakeRepository` 嗎？

我們的偽 *repository*，以及 *in-memory* 的貨批集合（*test_services.py*）

```
class FakeRepository(repository.AbstractRepository):

    def __init__(self, batches):
        self._batches = set(batches)

    def add(self, batch):
        self._batches.add(batch)

    def get(self, reference):
        return next(b for b in self._batches if b.reference == reference)

    def list(self):
        return list(self._batches)
```

以下是它的用途；它可讓我們用好用、快速的單元測試來測試服務層：

在服務層用 *fake* 進行單元測試（*test_services.py*）

```
def test_returns_allocation():
    line = model.OrderLine("o1", "COMPLICATED-LAMP", 10)
    batch = model.Batch("b1", "COMPLICATED-LAMP", 100, eta=None)
    repo = FakeRepository([batch])  ❶

    result = services.allocate(line, repo, FakeSession())  ❷❸
    assert result == "b1"


def test_error_for_invalid_sku():
    line = model.OrderLine("o1", "NONEXISTENTSKU", 10)
    batch = model.Batch("b1", "AREALSKU", 100, eta=None)
    repo = FakeRepository([batch])  ❶

    with pytest.raises(services.InvalidSku, match="Invalid sku NONEXISTENTSKU"):
        services.allocate(line, repo, FakeSession())  ❷❸
```

❶ FakeRepository 裡面有將會被測試程式使用的 Batch 物件。

❷ 我們的服務模組（*services.py*）將定義一個 allocate() 服務層函式。它的位置介於 API 層的 allocate_endpoint() 函式以及領域模型的 allocate() 領域服務函式之間[1]。

❸ 我們也要用 FakeSession 來偽造資料庫 session，見下面的程式。

1 服務層服務與領域服務有令人困惑的相似名稱。第 66 頁的「為什麼每一個東西都稱為服務？」會探討這個主題。

偽資料庫 session（*test_services.py*）

```
class FakeSession():
    committed = False

    def commit(self):
        self.committed = True
```

這個偽 session 只是個臨時性的解決方案，我們會在第 6 章捨棄它，來改善程式。但是現在偽 `.commit()` 可讓我們從 E2E 層遷移第三個測試：

在服務層的第二個測試（*test_services.py*）

```
def test_commits():
    line = model.OrderLine('o1', 'OMINOUS-MIRROR', 10)
    batch = model.Batch('b1', 'OMINOUS-MIRROR', 100, eta=None)
    repo = FakeRepository([batch])
    session = FakeSession()

    services.allocate(line, repo, session)
    assert session.committed is True
```

典型的服務函式

我們將編寫類似這種服務函式：

基本配貨服務（*services.py*）

```
class InvalidSku(Exception):
    pass


def is_valid_sku(sku, batches):
    return sku in {b.sku for b in batches}

def allocate(line: OrderLine, repo: AbstractRepository, session) -> str:
    batches = repo.list()  ❶
    if not is_valid_sku(line.sku, batches):  ❷
        raise InvalidSku(f'Invalid sku {line.sku}')
    batchref = model.allocate(line, batches)  ❸
    session.commit()  ❹
    return batchref
```

典型的服務層函式有相似的步驟：

❶ 從 repository 提取一些物件。

❷ 針對請求進行一些檢查與斷言。

❸ 呼叫領域服務。

❹ 如果一切都沒問題，儲存 / 更新我們改變的任何狀態。

由於服務層與資料庫層緊密耦合，此時最後一個步驟還不太令人滿意。我們會在第 6 章用 Unit of Work 模式改善它。

依賴抽象

注意關於服務層函式的另一件事情：

```
def allocate(line:OrderLine, repo:AbstractRepository, session) -> str:
```

它依賴一個 repository。我們決定明確地表達依賴關係，並使用型態提示來說明我們依賴 `AbstractRepository`，這意味著當測試將 `FakeRepository` 傳給它時，以及當 Flask app 將 `SqlAlchemyRepository` 傳給它時，它都可以工作。

正如第 xxi 頁的「依賴反轉原則」所言，這就是我們應該「依賴抽象」的意思。我們的高階模組（服務層）依賴 repository 抽象，而且我們所選擇的持久資料庫實作細節也依靠同一個抽象。見圖 4-3 與 4-4。

附錄 C 有一個將持久保存系統的細節換掉，同時讓抽象原封不動的範例。

但是服務層的基本要素就在那裡，而 Flask app 看起來整潔多了：

Flask app 委託給服務層（flask_app.py）

```
@app.route("/allocate", methods=['POST'])
def allocate_endpoint():
    session = get_session()  ❶
    repo = repository.SqlAlchemyRepository(session)  ❶
    line = model.OrderLine(
        request.json['orderid'],  ❷
        request.json['sku'],  ❷
        request.json['qty'],  ❷
    )
    try:
        batchref = services.allocate(line, repo, session)  ❷
    except (model.OutOfStock, services.InvalidSku) as e:
        return jsonify({'message': str(e)}), 400  ❸

    return jsonify({'batchref': batchref}), 201  ❸
```

❶ 實例化一個資料庫 session 與一些 repository 物件。

❷ 從 web 請求提取用戶的命令，並將它們傳給領域服務。

❸ 回傳一些 JSON 回應，裡面有適當的狀態碼。

Flask app 的職責只是標準的 web 工作：按請求進行 session 管理、從 POST 參數提出資訊、回應狀態碼，以及 JSON。所有的協作邏輯都在用例 / 服務層，而領域邏輯位於領域（domain）。

最後，我們可以放心地將 E2E 測試減為兩個，一個測試快樂路徑，一個測試非快樂路徑。

只用 *E2E* 測試來測試快樂與非快樂路徑（*test_api.py*）

```
@pytest.mark.usefixtures('restart_api')
def test_happy_path_returns_201_and_allocated_batch(add_stock):
    sku, othersku = random_sku(), random_sku('other')
    earlybatch = random_batchref(1)
    laterbatch = random_batchref(2)
    otherbatch = random_batchref(3)
    add_stock([
        (laterbatch, sku, 100, '2011-01-02'),
        (earlybatch, sku, 100, '2011-01-01'),
        (otherbatch, othersku, 100, None),
    ])
    data = {'orderid': random_orderid(), 'sku': sku, 'qty': 3}
    url = config.get_api_url()
    r = requests.post(f'{url}/allocate', json=data)
    assert r.status_code == 201
    assert r.json()['batchref'] == earlybatch


@pytest.mark.usefixtures('restart_api')
def test_unhappy_path_returns_400_and_error_message():
    unknown_sku, orderid = random_sku(), random_orderid()
    data = {'orderid': orderid, 'sku': unknown_sku, 'qty': 20}
    url = config.get_api_url()
    r = requests.post(f'{url}/allocate', json=data)
    assert r.status_code == 400
    assert r.json()['message'] == f'Invalid sku {unknown_sku}'
```

我們已經成功地將測試拆成兩大類了：關於 web 事項的測試（對此我們實作端對端）以及關於協作事項的測試（對此我們可以針對記憶體內的服務層進行測試）。

給讀者的習題

完成配貨服務之後，何不為取消配貨做一個服務？我們在 GitHub 加入一個 E2E 測試以及一些 stub 服務層測試（*https://github.com/cosmicpython/code/tree/chapter_04_service_layer_exercise*）來讓你使用。

如果這還不夠，繼續在 E2E 測試與 *flask_app.py* 中重構 Flask adapter，讓它更 RESTful。注意，這項工作不需要改變服務層或領域層！

如果你決定建構一個唯讀端點來取得配貨資訊，只要實作「可運行的最簡單程式」，它就是在 Flask 處理式裡面的 `repo.get()`。我們將在第 12 章進一步討論讀取 vs. 寫入。

為什麼每一個東西都稱為服務？

有些人現在應該抓著頭，試著搞清楚領域服務與服務層到底有什麼區別。

很抱歉我們沒有仔細選擇名稱，否則我們會用更酷而且更友善的名稱來稱呼它們。

本章使用兩種稱為**服務**的東西。第一種是**應用服務**（我們的服務層），它的工作是處理來自外界的請求，以及**協調**一項操作。我們想要表達的是，服務層藉著採取一些簡單的步驟來**驅動**應用服務：

- 從資料庫取出一些資料
- 更新領域模型
- 持久保存任何變更

這是系統的每一項操作都需要的枯燥工作，將它與商務邏輯分開有助於保持事物的整潔。

第二種服務是**領域服務**，這個名稱代表「屬於領域模型，但無法自然地放在有狀態實體或值物件內的邏輯」。例如，如果你要製作購物車 app，你可能會將稅收規則寫成領域服務。計算稅金與更新購物車是不同的工作，它是模型的重要成分，但是將這項工作做成持久化實體好像不對，改用無狀態的 TaxCalculator 類別或 `calculate_tax` 即可完成工作。

將東西放入資料夾，以便察看它們屬於哪裡

隨著 app 越來越大，我們必須保持目錄結構的整潔。專案的布局（layout）可以提示我們各個檔案裡面有哪一種物件。

我們可以用這種方式安排檔案：

一些子資料夾

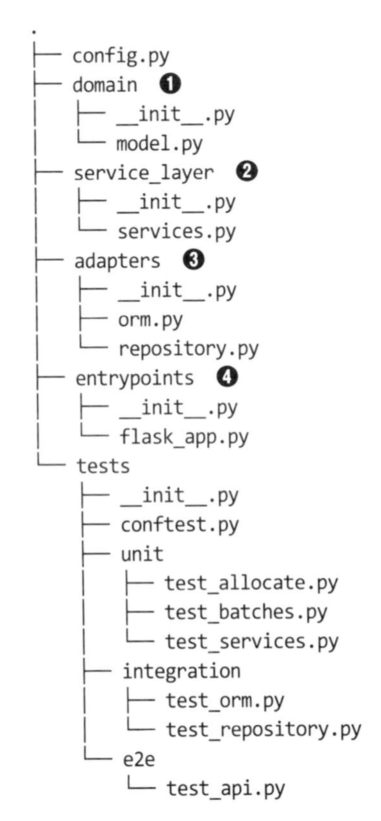

```
.
├── config.py
├── domain  ❶
│   ├── __init__.py
│   └── model.py
├── service_layer  ❷
│   ├── __init__.py
│   └── services.py
├── adapters  ❸
│   ├── __init__.py
│   ├── orm.py
│   └── repository.py
├── entrypoints  ❹
│   ├── __init__.py
│   └── flask_app.py
└── tests
    ├── __init__.py
    ├── conftest.py
    ├── unit
    │   ├── test_allocate.py
    │   ├── test_batches.py
    │   └── test_services.py
    ├── integration
    │   ├── test_orm.py
    │   └── test_repository.py
    └── e2e
        └── test_api.py
```

❶ 為領域模型製作一個資料夾。目前它只是一個檔案，但是比較複雜的 app 可能會讓每個類別使用一個檔案；或許你會幫 `Entity`、`ValueObject` 與 `Aggregate` 製作一個輔助（helper）父類別，或許你也會幫領域層例外加入一個 *exceptions.py*，以及第二部分介紹的 *commands.py* 與 *events.py*。

❷ 我們將分出服務層。目前它只是一個稱為 *services.py* 的檔案，存有服務層函式。你可以在這裡加入服務層例外，而且第 5 章會加入 *unit_of_work.py*。

❸ 使用 *Adapters* 是為了向 port 與 adapter 術語致敬。它裡面有圍繞著外部 I/O 的任何其他抽象（例如 *redis_client.py*）。嚴格說來，我們應該將它們稱為 *secondary*（次級）adapter 或 *driven*（被驅動）adapter，或有時稱為 *inward-facing*（對內）adapter。

❹ entrypoints 是我們驅動 app 的地方。在官方的 port 與 adapter 術語中，它們也是 adapter，並且被稱為 *primary*（主）、*driving*（驅動）或 *outward-facing*（對外）adapter。

那 port 呢？你應該還記得，它們是 adapter 實作的抽象介面。我們經常將它們和實作它們的 adapter 放在同一個檔案內。

結語

加入服務層確實帶來很多好處：

- 我們的 Flask API 端點變得非常薄而且容易編寫，它們的職責只有進行「web 事務」，例如解析 JSON 與產生正確的 HTTP 碼，針對快樂與非快樂案例。
- 我們已經為領域定義一個明確的 API 了，它是一組用例或入口點，可讓任何 adapter 使用，而且它們不需要知道關於領域模型類別的任何事情，無論它們是 API、CLI（見附錄 C）或測試！它們也是領域的 adapter。
- 我們可以使用服務層，以「高速檔（high gear）」編寫測試，因而不需要以我們認為合適的任何方式重構領域模型。只要我們仍然可以提供相同的用例，我們就可以試驗新的設計，不需要重寫大量的測試程式。
- 測試金字塔看起來很棒，這些測試大多是快速單元測試，只有極少量的 E2E 和整合測試。

DIP 的動作

圖 4-3 是服務層的依賴項目：領域模型與 `AbstractRepository`（即 port，使用 port 與 adapter 術語的話）。

圖 4-4 展示當我們執行測試時，如何使用 `FakeRepository`（adapter）來實作抽象依賴關係。

當我們實際執行 app 時，我們會將依賴項目換成「真的」，如圖 4-5 所示。

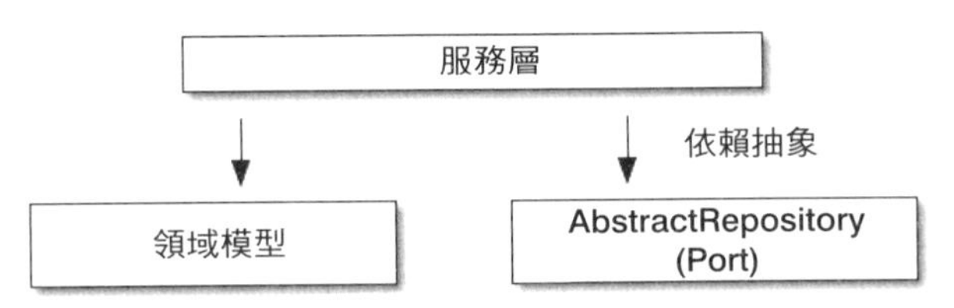

圖 4-3　服務層的抽象依賴項目

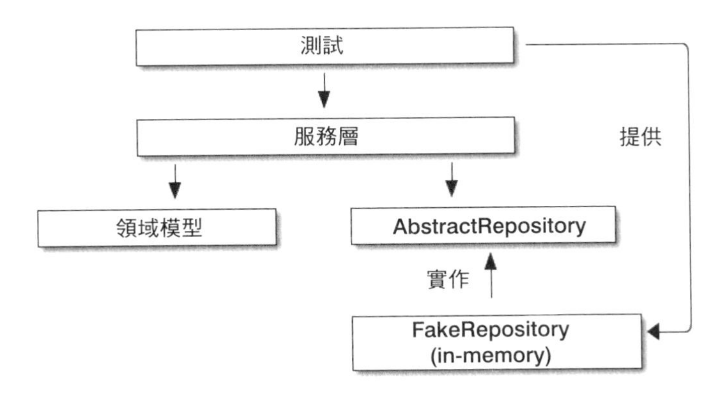

圖 4-4　測試程式提供抽象依賴項目的實作

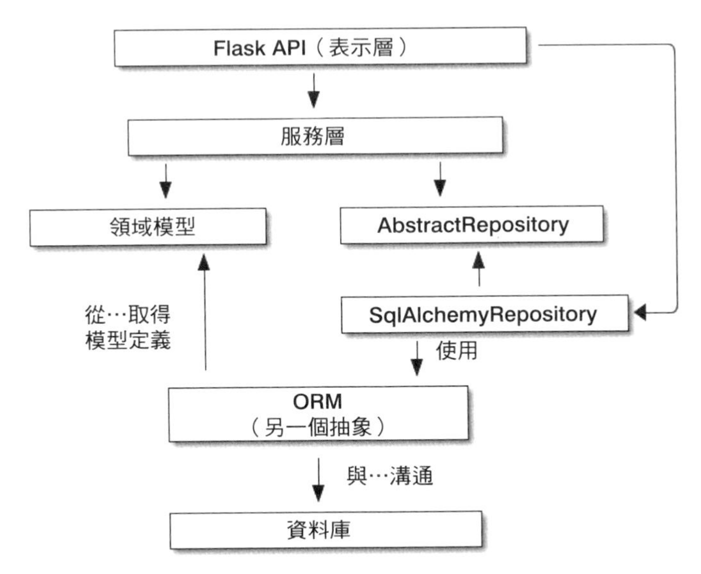

圖 4-5　執行期的依賴關係

太棒了。

我們先暫停一下，看看表 4-1，裡面列出使用服務層的優缺點。

表 4-1　服務層：優缺點

優點	缺點
• 在一個位置描述 app 的所有用例。 • 將明確的領域邏輯放在 API 後面，讓我們免於重構。 • 將「講 HTTP 的東西」與「討論配貨（allocation）的東西」明確地分開了。 • 結合 Repository 模式和 `FakeRepository` 時，我們可以在高於領域層的層次，用更好的方法編寫測試；我們可以在不需要使用整合測試的情況下，對更多工作流程進行測試（第 5 章有更多詳細的資訊）。	• 如果你的 app 是**單純**的 web app，你可能只能用 controller/view 函式描述所有用例。 • 它是另一層抽象。 • 將太多邏輯放入服務層可能造成 *Anemic Domain* 反模式。發現協作邏輯悄悄潛入 controller 之後再實作這一層是比較好的做法。 • 你只要將 controller 內的邏輯往下移到 model 層即可獲得許多使用豐富領域模型的好處，不需要在兩者間加入額外的一層（即「fat models, thin controllers」）。

不過，我們還有一些尷尬的地方需要整理：

- 服務層依然與領域有緊密的關係，因為它的 API 是用 `OrderLine` 物件來表達的。在第 5 章，我們會修正這個問題，並討論讓服務層支援更高效的 TDD 的做法。
- 服務層與 `session` 物件有緊密的關係。第 6 章會介紹一種與 Repository 和 Service Layer 模式密切合作的模式——Unit of Work 模式，屆時，一切都會非常美好。請拭目以待！

第五章

高速檔與低速檔的 TDD

我們已經用一個實際運作的 app 來介紹用來描述額外的協作職責的服務層了。服務層可協助我們明確地定義用例與各個用例的工作流程：我們需要從 repository 取得什麼、我們要先檢查哪些東西、驗證哪些當前狀態？以及最後要儲存什麼。

不過，目前許多單元測試都是在低層運作的，直接與模型互動。本章將討論將這些測試上移至服務層的優缺點，以及一些一般性的測試指南。

Harry 說：觀察測試金字塔會令人恍然大悟

Harry 這樣說：

> 我最初對 Bob 的架構模式抱持懷疑的態度，但是看了實際的測試金字塔之後，我改變看法了。
>
> 一旦你做出領域模型與服務層，你就會進入下一個階段，屆時，單元測試的數量會比整合測試和端對端測試多了一個數量級。對一位曾經在 E2E 測試組建需要花好幾個小時（基本上要「等到隔天」）才能完成的地方工作的人而言，我難以描述能夠在幾分鐘或幾秒鐘之內運行所有的測試是多大的改變。
>
> 請繼續閱讀，瞭解關於如何決定該使用哪種測試，以及在哪個層級上編寫測試，高速檔 vs. 低速檔的思維方式徹底改變了我的測試生涯。

我們的測試金字塔長怎樣？

我們來看一下使用服務層（附帶它自己的服務層測試）對測試金字塔有什麼影響：

統計測試類型

```
$ grep -c test_ test_*.py
tests/unit/test_allocate.py:4
tests/unit/test_batches.py:8
tests/unit/test_services.py:3

tests/integration/test_orm.py:6
tests/integration/test_repository.py:2

tests/e2e/test_api.py:2
```

還不錯！我們有 15 個單元測試、8 個整合測試，只有 2 個端對端測試。這個測試金字塔看起來很健康。

應該將領域層測試移至服務層嗎？

我們來看一下繼續做下去會有什麼結果。因為我們已經可以針對服務層測試軟體了，所以再也不需要針對領域模型的測試程式了。我們可以用服務層來改寫第 1 章的所有領域級測試：

在服務層改寫領域測試（*tests/unit/test_services.py*）

```
# 領域層測試：
def test_prefers_current_stock_batches_to_shipments():
    in_stock_batch = Batch("in-stock-batch", "RETRO-CLOCK", 100, eta=None)
    shipment_batch = Batch("shipment-batch", "RETRO-CLOCK", 100, eta=tomorrow)
    line = OrderLine("oref", "RETRO-CLOCK", 10)

    allocate(line, [in_stock_batch, shipment_batch])

    assert in_stock_batch.available_quantity == 90
    assert shipment_batch.available_quantity == 100


# 服務層測試：
def test_prefers_warehouse_batches_to_shipments():
    in_stock_batch = Batch("in-stock-batch", "RETRO-CLOCK", 100, eta=None)
    shipment_batch = Batch("shipment-batch", "RETRO-CLOCK", 100, eta=tomorrow)
    repo = FakeRepository([in_stock_batch, shipment_batch])
```

```
    session = FakeSession()

    line = OrderLine('oref', "RETRO-CLOCK", 10)

    services.allocate(line, repo, session)

    assert in_stock_batch.available_quantity == 90
    assert shipment_batch.available_quantity == 100
```

為什麼要做這件事？

測試的目的是為了協助我們無懼地更改系統，但我們經常看到團隊針對他們的領域模組編寫太多測試了，使得他們在改變基礎程式時遇到問題，他們將會發現需要更改數十個甚至上百個單元測試。

如果你暫停一下，考慮自動測試的目的，這種做法是很合理的。我們使用測試來強迫系統的某個特性在工作的過程中維持不變，我們使用測試來確認 API 持續回傳 200，確認資料庫 session 持續 commit，以及訂單仍然被配貨。

如果我們不小心改變這些行為，測試就會失敗。但是從另一方面看，如果我們想要改變程式碼的設計，直接掛鉤那段程式碼的所有測試也會失敗。

隨著本書的深入，你將看到服務層如何成為系統的 API，讓我們可以用多種方式駕馭它。對著這個 API 進行測試之後，當我們需要重構領域模型時，就可以減少需要重構的程式量。一旦我們約束自己只對服務層進行測試，任何測試都不會直接與模型物件的「私用」方法或屬性進行互動，我們可以更自由地重構它們。

我們放入測試的每一行程式都像一滴膠水，它們讓系統維持特定的形狀。低階測試越多，進行修改就越困難。

決定編寫哪種測試

你可能會問「那我要改寫所有的單元測試嗎？針對領域模型編寫測試不對嗎？」為了回答這些問題，你必須瞭解耦合與設計回饋之間的平衡（見圖 5-1）。

圖 5-1　測試頻譜

極限編程（Extreme programming，XP）告誡我們「傾聽程式碼」。編寫測試時，我們可能發現程式難以使用，或發現代碼異味，它們會促使我們進行重構並且重新考慮設計。

但是，回饋只能在我們密切地使用目標程式碼的時候取得。針對 HTTP API 的測試無法突顯關於物件的任何細膩設計，因為它在高很多的抽象上。

另一方面，我們可以改寫整個 app，只要我們沒有改變 URL 或請求格式，HTTP 測試就可以持續成功，讓我們更有信心進行更大規模的變更，例如改變資料庫綱要，而且不會損壞程式。

在頻譜的另一端，我們在第 1 章編寫的測試可協助我們理解所需物件，測試可以引導我們做出有意義的設計，並且能夠用領域語言來閱讀。當測試可以用領域語言來閱讀時，我們就可以自然地感受程式是否符合我們對於眼前問題的直覺。

因為測試是用領域語言編寫的，它可以當成活生生的模型文件來使用。新加入的團隊成員可以藉著閱讀這些測試來快速瞭解系統如何運作，以及核心概念之間的關係。

我們通常在這個層面上編寫測試程式來「描述」新行為，藉以瞭解程式碼可能長怎樣。然而，當我們想要改善程式的設計時，我們必須換掉或刪除這些設計，因為它們與特定實作緊密耦合。

高速檔與低速檔

多數的情況下，當我們加入新功能或修正 bug 時，不需要對領域模型進行大量的變更。此時，我們比較喜歡針對服務編寫測試，因為有較低的耦合與較高的覆蓋率。

例如，編寫 add_stock 函式或 cancel_order 功能時，我們可以藉著對服務層編寫測試，來取得更快的工作速度，以及更少的耦合。

當我們開始進行一項新專案，或遇到一個特別棘手的問題時，我們會退回去針對領域模型編寫測試，以獲得更好的回饋，以及可描述意圖的可執行文件。

我們喜歡用換檔來比喻。當你開始騎腳踏車時，必須使用低速檔來克服慣性，離開原地並提高速度之後，你可以換成高速檔來更快速地前進，但是遇到陡峭的山坡或是因為遇到危險而被迫減速時，你就要再次降到低速檔，直到速度再次提升為止。

將服務層測試與領域完全解耦

在服務層測試中，我們與領域仍然有直接的依賴關係，因為我們使用領域物件來設定測試資料，以及呼叫伺服層函式。

為了讓服務層與領域完全解耦，我們必須改寫它的 API，讓它用基本型態（primitive）工作。

我們的服務層目前接收 `OrderLine` 領域物件：

之前：*allocate* 接收領域物件（*service_layer/services.py*）

```
def allocate(line: OrderLine, repo: AbstractRepository, session) -> str:
```

當它的參數都是基本型態時，它會變怎樣？

之後：*allocate* 接收字串與 *int*（*service_layer/services.py*）

```
def allocate(
        orderid: str, sku: str, qty: int, repo: AbstractRepository, session
) -> str:
```

我們也用這些字眼來改寫測試：

現在測試在函式呼叫中使用基本型態（*tests/unit/test_services.py*）

```
def test_returns_allocation():
    batch = model.Batch("batch1", "COMPLICATED-LAMP", 100, eta=None)
    repo = FakeRepository([batch])

    result = services.allocate("o1", "COMPLICATED-LAMP", 10, repo, FakeSession())
    assert result == "batch1"
```

但是測試仍然依靠領域，因為我們仍然手動實例化 `Batch` 物件，如果有一天我們決定大規模重構 `Batch` 模型的做法，我們就必須修改大量的測試。

緩解之道：將所有領域依賴項目放在 fixture 函式內

我們至少可以將它提取出來，放入輔助（helper）函式或 fixture。以下是其中一種做法，在 FakeRepository 加入一個工廠（factory）函式：

其中一種做法是使用 *fixture* 的工廠函式（*tests/unit/test_services.py*）

```
class FakeRepository(set):

    @staticmethod
    def for_batch(ref, sku, qty, eta=None):
        return FakeRepository([
            model.Batch(ref, sku, qty, eta),
        ])

    ...


def test_returns_allocation():
    repo = FakeRepository.for_batch("batch1", "COMPLICATED-LAMP", 100, eta=None)
    result = services.allocate("o1", "COMPLICATED-LAMP", 10, repo, FakeSession())
    assert result == "batch1"
```

至少它可以將依靠領域的測試都移到一個地方。

加入缺漏的服務

不過，我們還可以做得更好。如果我們有一個添加庫存的服務，我們可以使用它，並且讓服務層的測試完全使用服務層的正式用例來表達，移除針對領域的所有依賴關係：

針對新的 *add_batch* 服務的測試（*tests/unit/test_services.py*）

```
def test_add_batch():
    repo, session = FakeRepository([]), FakeSession()
    services.add_batch("b1", "CRUNCHY-ARMCHAIR", 100, None, repo, session)
    assert repo.get("b1") is not None
    assert session.committed
```

在服務層測試中直接進行領域層工作通常是服務層不完整的象徵。

實作只有兩行：

add_batch 新服務（*service_layer/services.py*）

```
def add_batch(
        ref: str, sku: str, qty: int, eta: Optional[date],
        repo: AbstractRepository, session,
):
    repo.add(model.Batch(ref, sku, qty, eta))
    session.commit()


def allocate(
        orderid: str, sku: str, qty: int, repo: AbstractRepository, session
) -> str:
    ...
```

只為了移除測試程式中的依賴關係而編寫新服務值得嗎？答案應該是否定的，但是在這個例子中，總有一天我們會需要加入 add_batch 服務。

現在它可讓我們單純使用服務本身來改寫*所有*的服務層測試了，只使用基本型態，與模型沒有任何依賴關係：

現在服務測試只需要使用服務（*tests/unit/test_services.py*）

```
def test_allocate_returns_allocation():
    repo, session = FakeRepository([]), FakeSession()
    services.add_batch("batch1", "COMPLICATED-LAMP", 100, None, repo, session)
    result = services.allocate("o1", "COMPLICATED-LAMP", 10, repo, session)
    assert result == "batch1"


def test_allocate_errors_for_invalid_sku():
    repo, session = FakeRepository([]), FakeSession()
    services.add_batch("b1", "AREALSKU", 100, None, repo, session)

    with pytest.raises(services.InvalidSku, match="Invalid sku NONEXISTENTSKU"):
        services.allocate("o1", "NONEXISTENTSKU", 10, repo, FakeSession())
```

現在的情況很好，服務層測試只依靠服務層本身，所以我們可以完全自由地重構模型。

完全改善 E2E 測試

正如加入 add_batch 有助於解開服務層測試與模型之間的耦合，加入一個「添加貨批」的 API 端點也可以免除使用醜陋的 add_stock fixture 的需求，而且可讓 E2E 測試免於使用這些寫死的 SQL 查詢，以及直接依賴資料庫。

拜服務函式之賜，加入端點很簡單，只要進行一些 JSON 處理，以及執行一次函式呼叫即可：

加入貨批的 API（*entrypoints/flask_app.py*）

```
@app.route("/add_batch", methods=['POST'])
def add_batch():
    session = get_session()
    repo = repository.SqlAlchemyRepository(session)
    eta = request.json['eta']
    if eta is not None:
        eta = datetime.fromisoformat(eta).date()
    services.add_batch(
        request.json['ref'], request.json['sku'], request.json['qty'], eta,
        repo, session
    )
    return 'OK', 201
```

你是不是在想，POST 至 */add_batch*？這不太 RESTful！你是對的，我們是故意這麼隨便的，如果你想要讓它們更加 RESTy，例如 POST 至 */batches*，那就儘管動手吧！因為 Flask 是一個薄的 adapter，所以這項工作很簡單。見下一個專欄。

我們將 *conftest.py* 裡面寫死的 SQL query 換成 API 呼叫，所以 API 測試除了 API 之外沒有別的依賴項目，這也是件好事：

現在 API 測試可以加入它們自己的貨批（*tests/e2e/test_api.py*）

```
def post_to_add_batch(ref, sku, qty, eta):
    url = config.get_api_url()
    r = requests.post(
        f'{url}/add_batch',
        json={'ref': ref, 'sku': sku, 'qty': qty, 'eta': eta}
    )
    assert r.status_code == 201
```

```
@pytest.mark.usefixtures('postgres_db')
@pytest.mark.usefixtures('restart_api')
def test_happy_path_returns_201_and_allocated_batch():
    sku, othersku = random_sku(), random_sku('other')
    earlybatch = random_batchref(1)
    laterbatch = random_batchref(2)
    otherbatch = random_batchref(3)
    post_to_add_batch(laterbatch, sku, 100, '2011-01-02')
    post_to_add_batch(earlybatch, sku, 100, '2011-01-01')
    post_to_add_batch(otherbatch, othersku, 100, None)
    data = {'orderid': random_orderid(), 'sku': sku, 'qty': 3}
    url = config.get_api_url()
    r = requests.post(f'{url}/allocate', json=data)
    assert r.status_code == 201
    assert r.json()['batchref'] == earlybatch
```

結語

當你做好服務層之後，你就可以將大部分的測試覆蓋區域（coverage）移到單元測試，並發展健康的測試金字塔了。

回顧：關於各種測試的經驗法則

針對每一項功能編寫一個端對端測試

舉例來說，可能寫成針對 HTTP API。其目的是展示功能可以正常運作，以及所有元件都正確地結合。

針對服務層編寫大量的測試

這些端對端測試可在覆蓋率、執行時間與效率之間提供很好的平衡。每一個測試都覆蓋一項功能的一個程式路徑，並且用 fake 來取代 I/O。這是徹底覆蓋所有邊緣案例和商務邏輯的輸入及輸出的地方[1]。

1 在較高層次上編寫測試有一項合理的擔憂在於，對比較複雜的用例而言，它可能會導致組合爆炸（combinatorial explosion）。此時，降級為「針對彼此合作的領域物件進行低階單元測試」可能有幫助。你也可以參考第 8 章，以及第 149 頁的「選擇性做法：用偽 Message Bus 對事件處理式單獨進行單元測試」。

針對領域模型編寫少量核心測試

這些測試有高度聚焦的覆蓋區域，而且比較脆弱，但它們提供最高的回饋。如果以後功能（functionality）被服務層的測試覆蓋了，你可以放心地刪除這些測試。

將錯誤處理程式視為一種功能

在理想情況下，app 結構應該以相同的方式處理所有上浮到入口點（例如 Flask）的錯誤。這代表你只要測試各項功能的快樂路徑，並且保留一個端對端測試來檢驗所有非快樂路徑即可（當然，還有許多非快樂路徑單元測試）。

在過程中，有些事情也有幫助：

- 使用基本型態來表達服務層，而不是使用領域物件。
- 在理想的情況下，所有服務都可以完全針對服務層進行測試，而不需要透過 repository 或資料庫修改狀態。這也會在端對端測試中得到回報。

我們進入下一章！

第六章

Unit of Work 模式

在這一章，我們要介紹將 Repository 與 Service Layer 模式綁在一起的最後一塊拼圖：*Unit of Work* 模式。

如果說 Repository 模式是位於「持久儲存」這個概念之上的抽象，Unit of Work（UoW）模式就是位於**原子操作**（*atomic operation*）這個概念之上的抽象，它可以讓我們將服務層與資料層終極且完全解耦。

如圖 6-1 所示，目前基礎設施的各層之間有許多通訊發生：API 會直接與資料庫層溝通來開始 session，也會跟 repository 層溝通來初始化 `SQLAlchemyRepository`，也會跟服務層溝通來要求它配貨。

本章的程式碼位於 GitHub（*https://oreil.ly/MoWdZ*）的 chapter_06_uow 分支：

```
git clone https://github.com/cosmicpython/code.git
cd code
git checkout chapter_06_uow
# 或是若要一起寫程式，簽出第 4 章：
git checkout chapter_04_service_layer
```

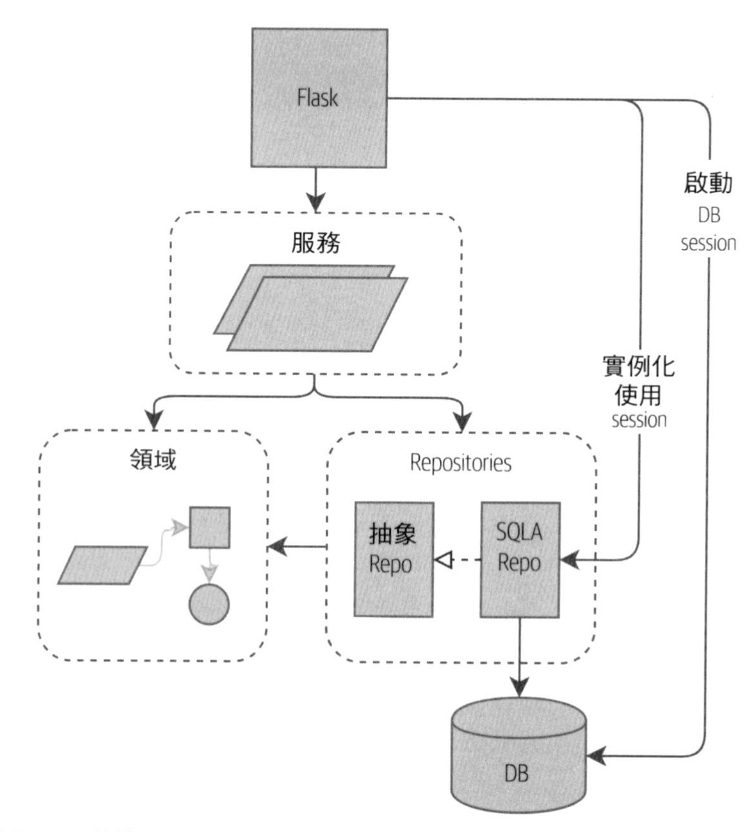

圖 6-1　不使用 UoW 的情況：API 直接與三個階層溝通

圖 6-2 是我們的目標，此時 Flask API 只做兩件事：初始化一個 unit of work，以及呼叫一個服務。服務會和 UoW 合作（我們喜歡將 UoW 視為服務層的一部分），但現在服務函式本身和 Flask 都不會直接與資料庫溝通了。

而我們會用一種可愛的 Python 語法來做以上所有事情——context manager。

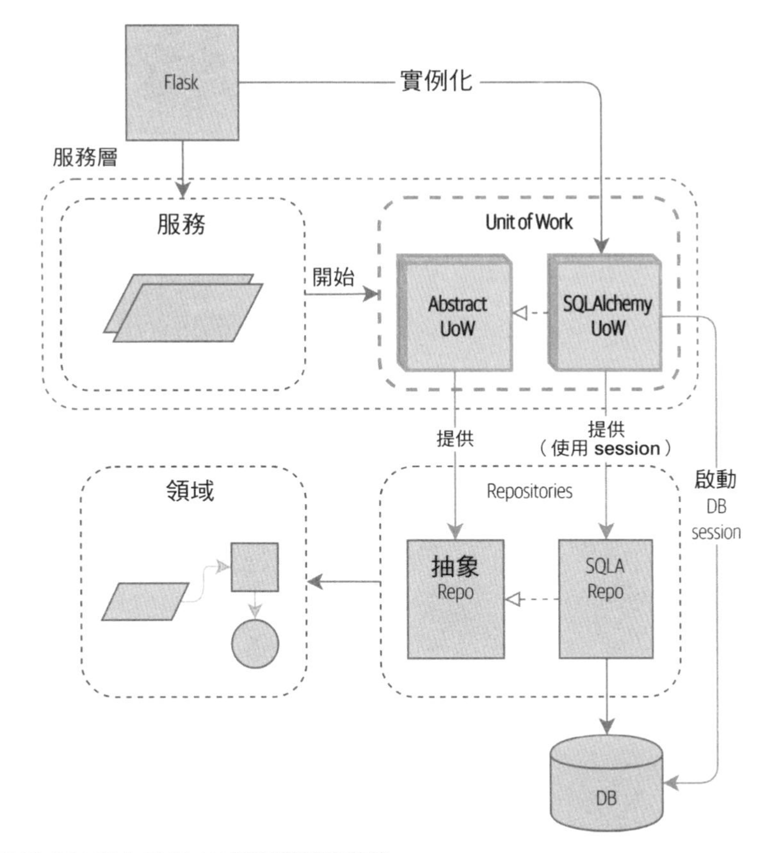

圖 6-2 使用 UoW：現在用 UoW 管理資料庫狀態

Unit of Work 會與 Repository 合作

我們來看一下 unit of work（UoW，我們將它唸成「you-wow」）如何工作。這是完成程式時，服務層的樣子：

預覽 *unit of work* 的工作情況（*src/allocation/service_layer/services.py*）

```
def allocate(
        orderid: str, sku: str, qty: int,
        uow: unit_of_work.AbstractUnitOfWork
) -> str:
    line = OrderLine(orderid, sku, qty)
    with uow:  ❶
        batches = uow.batches.list()  ❷
```

```
        ...
        batchref = model.allocate(line, batches)
        uow.commit()  ❸
```

❶ 我們用 context manager 來開始 UoW。

❷ uow.batches 是貨批 repo，所以 UoW 可讓我們訪問持久資料庫。

❸ 完成工作之後，我們使用 UoW 來提交（commit）或復原（roll back）工作。

UoW 是持久儲存體的單一入口，它會追蹤有哪些物件被載入，以及最新的狀態 [1]。

這段程式提供三項實用的東西：

- 有個穩定的資料庫快照可以使用，如此一來，我們使用的物件就不會在一項操作的中途改變
- 一次保存所有變更的方式，所以如果出現問題，我們不會得到不一致的狀態
- 一個簡單 API，可用來持久保存東西，以及一個取得 repository 的方便位置

使用整合測試來試駕 UoW

以下是針對 UoW 的整合測試：

針對 *UoW* 的基本「往返」測試（*tests/integration/test_uow.py*）

```
def test_uow_can_retrieve_a_batch_and_allocate_to_it(session_factory):
    session = session_factory()
    insert_batch(session, 'batch1', 'HIPSTER-WORKBENCH', 100, None)
    session.commit()

    uow = unit_of_work.SqlAlchemyUnitOfWork(session_factory)  ❶
    with uow:
        batch = uow.batches.get(reference='batch1')  ❷
        line = model.OrderLine('o1', 'HIPSTER-WORKBENCH', 10)
        batch.allocate(line)
        uow.commit()  ❸

    batchref = get_allocated_batch_ref(session, 'o1', 'HIPSTER-WORKBENCH')
    assert batchref == 'batch1'
```

1 或許你曾經看過有人使用 *collaborator* 這個名稱來描述互助合作達成一個目標的一群物件。unit of work 與 repository 在物件建模的意義上是一個很好的 collaborator 案例。在職責驅動設計中，各盡其職進行合作的物件群體稱為物件鄰里（*object neighborhood*），就我們的專業觀點而言，這是很可愛的說法。

❶ 用自訂的 session 工廠來初始化 UoW，取得一個可在 `with` 段落中使用的 `uow` 物件。

❷ UoW 可讓我們透過 `uow.batches` 來存取 batches repository。

❸ 完成工作時，呼叫它的 `commit()`。

滿足你的好奇心，`insert_batch` 與 `get_allocated_batch_ref` 輔助函式長這樣：

執行 *SQL* 工作的輔助函式（*tests/integration/test_uow.py*）

```
def insert_batch(session, ref, sku, qty, eta):
    session.execute(
        'INSERT INTO batches (reference, sku, _purchased_quantity, eta)'
        ' VALUES (:ref, :sku, :qty, :eta)',
        dict(ref=ref, sku=sku, qty=qty, eta=eta)
    )


def get_allocated_batch_ref(session, orderid, sku):
    [[orderlineid]] = session.execute(
        'SELECT id FROM order_lines WHERE orderid=:orderid AND sku=:sku',
        dict(orderid=orderid, sku=sku)
    )
    [[batchref]] = session.execute(
        'SELECT b.reference FROM allocations JOIN batches AS b ON batch_id = b.id'
        ' WHERE orderline_id=:orderlineid',
        dict(orderlineid=orderlineid)
    )
    return batchref
```

Unit of Work 和它的 Context Manager

在測試程式中，我們隱性地幫 UoW 的工作定義一個介面。我們用一個抽象基礎類別來將它明確化：

抽象 *UoW context manager*（*src/allocation/service_layer/unit_of_work.py*）

```
class AbstractUnitOfWork(abc.ABC):
    batches: repository.AbstractRepository  ❶

    def __exit__(self, *args):  ❷
        self.rollback()  ❹

    @abc.abstractmethod
    def commit(self):  ❸
```

```
        raise NotImplementedError

    @abc.abstractmethod
    def rollback(self):  ❹
        raise NotImplementedError
```

❶ UoW 提供一個稱為 .batches 的屬性，它可讓我們訪問 batches repository。

❷ 如果你沒有看過 context manager，__enter__ 與 __exit__ 分別是進入 with 段落與離開它時執行的魔術方法。它們是設定與拆除階段。

❸ 當我們就緒時，呼叫這個方法來明確地提交工作。

❹ 如果沒有提交，或因為發出錯誤而離開 context manager，我們就執行 rollback（如果 commit() 已被呼叫，rollback 就沒有效果，接下來會更詳細探討這個部分）。

真實的 Unit of Work 使用 SQLAlchemy session

我們的具體實作加入的東西主要是資料庫 session：

真實的 *SQLAlchemy UoW*（*src/allocation/service_layer/unit_of_work.py*）

```
DEFAULT_SESSION_FACTORY = sessionmaker(bind=create_engine(  ❶
    config.get_postgres_uri(),
))

class SqlAlchemyUnitOfWork(AbstractUnitOfWork):

    def __init__(self, session_factory=DEFAULT_SESSION_FACTORY):
        self.session_factory = session_factory  ❶

    def __enter__(self):
        self.session = self.session_factory()  # 型態：Session  ❷
        self.batches = repository.SqlAlchemyRepository(self.session)  ❷
        return super().__enter__()

    def __exit__(self, *args):
        super().__exit__(*args)
        self.session.close()  ❸

    def commit(self):  ❹
        self.session.commit()

    def rollback(self):  ❹
        self.session.rollback()
```

❶ 模組定義一個預設的 session factory，它會連到 Postgres，但我們在整合測試中讓它可被覆寫，以便改用 SQLite。

❷ `__enter__` 方法負責啟動資料庫 session 並實例化一個可以使用該 session 的真 repository。

❸ 在退出時關閉 session。

❹ 最後，我們提供具體的 `commit()` 與 `rollback()` 方法，它們使用資料庫 session。

測試用的偽 Unit of Work

這是在服務層測試中使用偽 UoW 的做法：

偽 *UoW*（*tests/unit/test_services.py*）

```
class FakeUnitOfWork(unit_of_work.AbstractUnitOfWork):

    def __init__(self):
        self.batches = FakeRepository([])  ❶
        self.committed = False  ❷

    def commit(self):
        self.committed = True  ❷

    def rollback(self):
        pass



def test_add_batch():
    uow = FakeUnitOfWork()  ❸
    services.add_batch("b1", "CRUNCHY-ARMCHAIR", 100, None, uow)  ❸
    assert uow.batches.get("b1") is not None
    assert uow.committed


def test_allocate_returns_allocation():
    uow = FakeUnitOfWork()  ❸
    services.add_batch("batch1", "COMPLICATED-LAMP", 100, None, uow)  ❸
    result = services.allocate("o1", "COMPLICATED-LAMP", 10, uow)  ❸
    assert result == "batch1"
...
```

❶ `FakeUnitOfWork` 與 `FakeRepository` 緊密地耦合，就像真實的 `UnitofWork` 與 `Repository` 類別那樣，這種做法沒問題，因為我們認為這些物件是 collaborators。

❷ 留意偽 `commit()` 函式與 `FakeSession` 之間的相似性（現在我們可以擺脫它了）。但這是一項巨大的進步，因為我們現在偽造的是我們編寫的程式，而不是第三方的程式。有道是「不要模仿（mock）不屬於你的東西」（*https://oreil.ly/0LVj3*）。

❸ 在測試中，我們可以實例化一個 UoW 並將它傳給服務層，而不是傳遞一個 repository 與一個 session。這省事多了。

不用模仿不屬於你的東西

為什麼我們覺得模仿 UoW 比模仿 session 更舒適？這兩種 fake 完成的事情是一樣的，它們都提供一種更換持久層的方式，讓我們可以在記憶體中執行測試，而不需要與真正的資料庫溝通。兩者的差異在於它們導致的設計。

如果我們只想要快速編寫與執行測試，我們可以建立取代 SQLAlchemy 的 mock，並且在基礎程式中隨處使用它們。問題在於，`Session` 是個複雜的物件，公開了許多與持久保存有關的功能。大家很容易使用 `Session` 對著資料庫發出任意的查詢指令，很快就會讓基礎程式充斥資料存取程式碼。為了避免這種情況，我們要限制對於持久保存層的訪問，讓各個元件都只有它真的需要的東西，且沒有其他東西。

與 `Session` 介面耦合，就是與 SQLAlchemy 的所有複雜性耦合。但我們比較想要簡單的抽象，並且用它來明確地劃分職責。UoW 比 session 簡單許多，而且服務層能夠開始與結束 units of work 讓我們覺得很舒適。

「不要模仿不屬於你的東西」這條經驗法則迫使我們在混亂的子系統上面建構這些簡單的抽象，它與模仿 SQLAlchemy session 有相同的性能益處，但可以促使我們謹慎地考慮我們的設計。

在服務層使用 UoW

這是新服務層的樣子：

使用 *UoW* 的服務層（*src/allocation/service_layer/services.py*）

```
def add_batch(
        ref: str, sku: str, qty: int, eta: Optional[date],
        uow: unit_of_work.AbstractUnitOfWork  ❶
):
    with uow:
        uow.batches.add(model.Batch(ref, sku, qty, eta))
        uow.commit()


def allocate(
        orderid: str, sku: str, qty: int,
        uow: unit_of_work.AbstractUnitOfWork  ❶
) -> str:
    line = OrderLine(orderid, sku, qty)
    with uow:
        batches = uow.batches.list()
        if not is_valid_sku(line.sku, batches):
            raise InvalidSku(f'Invalid sku {line.sku}')
        batchref = model.allocate(line, batches)
        uow.commit()
    return batchref
```

❶ 現在服務層只有一個依賴項目，同樣依賴抽象的 UoW。

針對 Commit/Rollback 的明確測試

為了說服自己 commit/rollback 行為確實生效，我們寫了一些測試：

針對復原行為的整合測試（*tests/integration/test_uow.py*）

```
def test_rolls_back_uncommitted_work_by_default(session_factory):
    uow = unit_of_work.SqlAlchemyUnitOfWork(session_factory)
    with uow:
        insert_batch(uow.session, 'batch1', 'MEDIUM-PLINTH', 100, None)

    new_session = session_factory()
    rows = list(new_session.execute('SELECT * FROM "batches"'))
    assert rows == []
```

```
def test_rolls_back_on_error(session_factory):
    class MyException(Exception):
        pass

    uow = unit_of_work.SqlAlchemyUnitOfWork(session_factory)
    with pytest.raises(MyException):
        with uow:
            insert_batch(uow.session, 'batch1', 'LARGE-FORK', 100, None)
            raise MyException()

    new_session = session_factory()
    rows = list(new_session.execute('SELECT * FROM "batches"'))
    assert rows == []
```

雖然我們還沒有展示，但針對「真正」的資料庫（也就是同一個引擎）測試一些比較「模糊」的資料庫行為（例如交易）是很有價值的。目前我們姑且使用 SQLite 來取代 Postgres，但是在第 7 章，我們會把一些測試改成使用真正的資料庫。UoW 類別讓這件事變得很容易！

明確 vs. 隱性 commit

接下來，我們稍微講一下實作 UoW 模式的各種方式。

想像我們有一個稍微不同的 UoW 版本，它在預設情況下會提交（commit），唯有在它發現例外時才會復原。

使用隱性 commit 的 UoW⋯（src/allocation/unit_of_work.py）

```
class AbstractUnitOfWork(abc.ABC):

    def __enter__(self):
        return self

    def __exit__(self, exn_type, exn_value, traceback):
        if exn_type is None:
            self.commit()  ❶
        else:
            self.rollback()  ❷
```

❶ 我們應該在快樂路徑上使用隱性 commit 嗎？

❷ 並且只在出現例外時復原？

它可讓我們節省一行程式，以及從使用方程式移除明確的 commit：

…可為我們節省一行程式（*src/allocation/service_layer/services.py*）

```
def add_batch(ref: str, sku: str, qty: int, eta: Optional[date], uow):
    with uow:
        uow.batches.add(model.Batch(ref, sku, qty, eta))
        # uow.commit()
```

具體做法視情況而定，但我們傾向要求明確的 commit，如此一來，我們就可以選擇何時刷新狀態。

雖然我們多一行程式，但它可讓軟體在預設情況下是安全的。預設行為**不會改變任何東西**。它反而會讓程式更容易被理解，因為只有一條程式路徑會導致系統的改變——完全成功且明確地 commit，任何其他程式路徑、任何例外，任何一種從 UoW 的範圍提早退出的情況都會產生安全狀態。

同樣地，我們比較喜歡在預設情況下復原，因為它比較容易瞭解，它會復原成上一次 commit，所以要嘛，使用者進行 commit，要嘛，我們撤銷他們的變更。雖然嚴苛，但很簡單。

範例：使用 UoW 來將多項操作組成一個原子單位

以下是一些展示 Unit of Work 用法的範例，你可以看到它是如何讓我們輕鬆地知道哪幾段程式是一起出現的。

範例 1：重新配貨

假設我們想要取消配貨，再重新為訂單配貨：

重新配貨服務函式

```
def reallocate(line: OrderLine, uow: AbstractUnitOfWork) -> str:
    with uow:
        batch = uow.batches.get(sku=line.sku)
        if batch is None:
            raise InvalidSku(f'Invalid sku {line.sku}')
        batch.deallocate(line)  ❶
        allocate(line)  ❷
        uow.commit()
```

❶ 顯然當 deallocate() 失敗時，我們不想要呼叫 allocate()。

❷ 如果 allocate() 失敗，我們應該也不會 commit deallocate()。

範例 2：改變貨批數量

運輸公司來電說有一個貨櫃門不小心打開了，有一半的沙發掉入印度洋。慘了！

改變數量

```
def change_batch_quantity(batchref: str, new_qty: int, uow: AbstractUnitOfWork):
    with uow:
        batch = uow.batches.get(reference=batchref)
        batch.change_purchased_quantity(new_qty)
        while batch.available_quantity < 0:
            line = batch.deallocate_one()  ❶
        uow.commit()
```

❶ 在此，我們可能需要為任何行數取消配貨。如果我們在任何階段得到失敗，我們應該不會提交任何變更。

整理整合測試

現在我們有三組測試，基本上都指向資料庫：*test_orm.py*、*test_repository.py* 與 *test_uow.py*。我們要捨棄任何測試嗎？

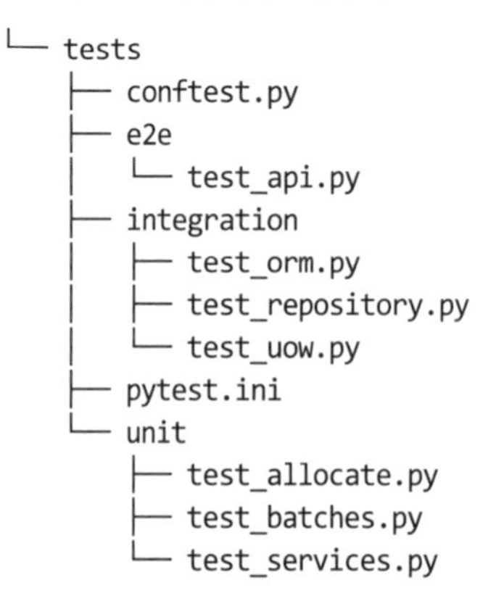

```
└── tests
    ├── conftest.py
    ├── e2e
    │   └── test_api.py
    ├── integration
    │   ├── test_orm.py
    │   ├── test_repository.py
    │   └── test_uow.py
    ├── pytest.ini
    └── unit
        ├── test_allocate.py
        ├── test_batches.py
        └── test_services.py
```

如果你認為測試無法帶來長期價值，你就要斷然捨棄它。我們認為 *test_orm.py* 主要是用來協助我們學習 SQLAlchemy，所以不需要長期保留，何況它的主要工作都被 *test_repository.py* 涵蓋了。你可能會保留最後一個測試，不過有一個觀點是——只保留最高抽象級別的東西（就像我們在單元測試中做的那樣）。

給讀者的習題

對本章而言，最值得嘗試的事情或許是從零開始製作一個 UoW。一如往常，程式碼位於 GitHub（*https://github.com/cosmicpython/code/tree/chapter_06_uow_exercise*）。你可以非常嚴格地遵循我們的模型，或是做個實驗，將 UoW（它的職責是 `commit()`、`rollback()` 以及提供 `.batches` repository）與 context manager（它的職責是初始化一些東西）分開，然後在退出時，執行 commit 或 rollback。如果你想要完全使用函式，而不是那些類別，你可以使用 `contextlib` 的 `@contextmanager`。

我們已經剔除實際的 UoW 與 fake，並且縮減成抽象 UoW 了。當你做出引以為傲的東西時，何不將你的 repo 連結寄給我們？

這是第 5 章教導的課題的另一個範例：一旦我們建立更好的抽象，我們可以修改測試程式來針對它們執行，這樣子就不必更改底層的細節。

結語

希望我們已經說服你 Unit of Work 模式很實用，且 context manager 可以將我們希望原子性地執行的程式碼組成區塊，以符合 Python 風格的方式。

事實上，因為 UoW 如此實用，SQLAlchemy 已經在 `Session` 物件的外形（shape）中使用這種模式了。SQLAlchemy 的 `Session` 物件是 app 從資料庫載入資料的一種方式。

每當你從資料庫載入新實體時，session 就會開始追蹤針對實體的變更，而且當 session 被 *flush*，所有的變更都會被持久保存在一起。既然 SQLAlchemy 已經實作我們想要的模式了，我們為什麼還要將 SQLAlchemy session 抽象化？

表 6-1 列出一些優缺點。

表 6-1　Unit of Work 模式：優缺點

優點	缺點
• 在原子操作上面有一層很棒的抽象，而且 context manager 可以在視覺上突顯它，展示它們是一段被原子性地放在一起的程式碼。 • 明確地控制交易（transaction）何時開始與結束，而且 app 的失敗在預設情況下是安全的。我們絕對不需要擔心一項操作只被部分提交。 • 它是放置所有的 repository，讓使用方可以訪問的好地方。 • 你將在後續章節看到，原子性不是只與交易有關，它也可以協助我們使用事件與 message bus。	• 你的 ORM 應該已經有一些圍繞著原子性的完美抽象了。SQLAlchemy 甚至有 context manager。你只要四處傳遞 session 就有很好的效果了。 • 我們讓這項工作看起來很容易，但你必須非常謹慎地考慮復原、多執行緒與嵌套交易等事情。或許只要使用 Django 或 Flask-SQLAlchemy 提供的東西就可以輕鬆工作了。

一方面，Session API 很豐富並且提供我們在領域中不想要或不需要的操作。我們的 `UnitOfWork` 將 session 簡化成它的基本核心：它可以被啟動、commit 或丟棄。

另一方面，我們使用 `UnitOfWork` 來訪問 `Repository` 物件，這種很棒的開發者工具是使用一般的 SQLAlchemy `Session` 無法使用的。

Unit of Work 模式總結

Unit of Work 模式是一個圍繞著資料完整性的抽象

　　它有助於實施領域模型一致性，而且藉著讓我們在一項操作的結束執行一次 *flush* 操作，它可以改善性能。

它與 *Repository* 和 *Service Layer* 模式密切合作

　　Unit of Work 模式代表原子性更新，可在資料的存取上面完成一個抽象。我們的每一個服務層用例都是在一個 unit of work 裡面運行的，整個 unit of work 區塊是一起成功或一起失敗的。

它是 context manager 的一種可愛的案例

context manager 是一種定義作用範圍的方式，且符合 Python 典型風格。我們可以使用 context manager 在請求結束的地方自動復原工作，這意味著系統在預設情況下是安全的。

SQLAlchemy 已經實作這種模式了

我們在 SQLAlchemy `Session` 物件之上加入一個更簡單的抽象，藉以「窄化」ORM 與我們的程式碼之間的介面。它可以協助我們保持鬆耦合。

最後，我們的動機同樣來自依賴反轉原理：服務層依靠一層薄抽象，而且我們在系統的界限外側附加一個具體的實作。這與 SQLAlchemy 自己的建議（*https://oreil.ly/tS0E0*）非常吻合：

> 讓 session（通常還有交易）的生命週期維持獨立，並放在外部。最詳盡且推薦給比較重要的 app 的做法，是盡量將 session、交易與例外管理的細節與執行其工作的細節分開。
>
> —SQLALchemy「Session Basics」文件

第七章

Aggregate 與一致性界限

在這一章，我們要回顧領域模型，討論不變性與約束，並瞭解領域物件如何維護它自己的內部一致性，無論是在概念上，還是在持久儲存體內。我們將探討**一致性界限**（*consistency boundary*）的概念，並讓你看到，將它明確化可以協助建立高性能的軟體，而且不會損害可維護性。

圖 7-1 是我們的目標：我們將加入一個新模型物件，稱為 `Product`，來包裝多個貨批，並且將舊的 `allocate()` 領域服務改成 `Product` 的方法。

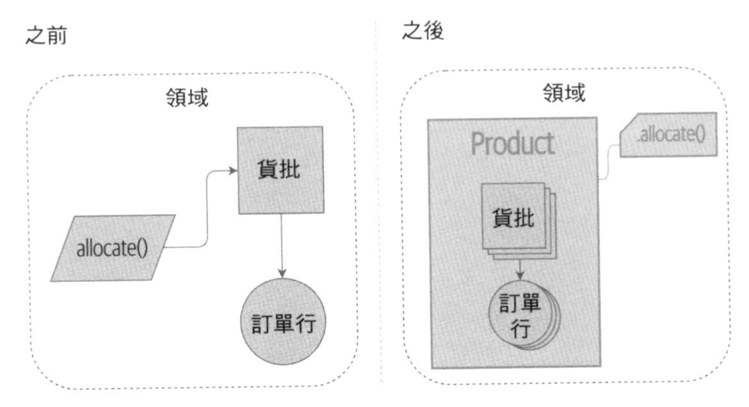

圖 7-1　加入 Product aggregate

為什麼要這樣做？我們來瞭解原因。

本章的程式碼位於 GitHub 的 appendix_csvs 分支（*https://oreil.ly/vlnGg*）：

```
git clone https://github.com/cosmicpython/code.git
cd code
git checkout appendix_csvs
# 或是跟著寫程式，簽出上一章：
git checkout chapter_06_uow
```

何不直接在試算表執行所有東西就好？

領域模型到底有什麼意義？我們想要處理的基本問題是什麼？

我們可以在試算表處理任何事情嗎？許多使用者將會對此感到開心。商務用戶**喜歡**試算表，因為它們簡單、親切，而且非常強大。

事實上，大量的商務流程都是藉著使用 email 親手來回傳遞試算表來操作的，這種「在 SMTP 上傳送 CSV」的架構具備較低的初始複雜度，但由於難以套用邏輯以及保持一致性，因此往往無法良好地擴展。

誰被允許查看這個特定欄位？誰被允許更改它？試著訂購 –350 張椅子，或 10,000,000 張桌子時會怎樣？員工可能有負數的薪資嗎？

這些都是系統的約束。許多領域邏輯都是為了執行這些約束而寫的，藉以維持系統的不變性。**不變性**（*invariant*）是當我們完成一項操作時，必須為真（true）的事情。

不變性、約束與一致性

不變性與約束這兩個字在某種程度上是可以交換使用的，但**約束**（*constraint*）是限制模型可進入哪些狀態的規則，而**不變性**（*invariant*）的定義比較精準一些：永遠為真（true）的條件。

當我們寫一個旅館訂房系統時，我們可能會用一個約束來規定不允許重複訂房。這個約束支持「一間房間在一個晚上不能被預訂超過一次」這項不變性。

當然，有時我們可能需要暫時**改變**規則，或許是因為有 VIP 訂房，我們必須重新安排房間，當我們在記憶體中移動訂房狀態時，可能會有重複訂房的狀態，但領域模型必須確保工作完成時產生最終一致狀態，並且符合不變性。如果找不到讓所有客人都有房間的方法，它就要發出錯誤，並拒絕完成操作。

我們來看一些來自我們的商務需求的具體範例，從這一個開始：

> 每次一個訂單行（order line）只能分配給一個貨批。
>
> —公司

這是一條施加不變性的商務規則。其不變性在於一條訂單行（order line）可以分配給零個或一個貨批，但絕對不能超過一個。我們必須確保程式不會不小心幫同一個訂單行對著兩個不同的貨批呼叫 `Batch.allocate()`，但目前沒有任何明確的機制可以防止我們做這件事。

不變性、並行與鎖定

我們來看另一條商務規則：

> 如果一個貨批的庫存數量少於訂單行的數量，我們就不能用它來配貨。
>
> —公司

這個約束在於，我們不能分配超出一個貨批的存貨量，所以舉例來說，我們絕對不會因為將兩個顧客分配給同一個墊子而超賣庫存量。每當我們更新系統的狀態時，程式就必須確保我們沒有破壞不變性，也就是可用的數量必須大於或等於零。

在單執行緒、單用戶的 app 裡面，維護這種不變性相對容易。我們只要一次為一行分配庫存，並且在沒有庫存時發出錯誤即可。

但是當我們引入**並行**（*concurrency*）的概念時，這項工作就困難多了。我們可能突然同時為多個訂單行配貨，甚至可能在變更貨批本身的同時，為訂單行配貨。

我們通常會對資料庫的資料表執行**鎖定**（*lock*）來解決這個問題，這種機制可以避免兩個操作同時在同一列或同一張表裡面發生。

當我們考慮向上擴展 app 時，我們意識到，用所有庫存來為訂單行配貨的模型可能無法擴展，當我們每小時處理上萬筆訂單，以及成千上萬個訂單行時，我們將無法為每一個訂單行鎖住整個貨批表，否則至少會遇到死鎖（deadlock）或性能問題。

什麼是 Aggregate？

OK，既然我們無法在每次想要為一個訂單行配貨時鎖住整個資料庫，我們還可以怎麼做？我們想要保護系統的不變性，但也想要容許最大程度的並行性。維持不變性意味著防止並行寫入，如果多位用戶可以同時分配 DEADLY-SPOON，我們就有過度配貨的風險。

另一方面，我們當然可以在分配 FLIMSY-DESK 的同時分配 DEADLY-SPOON，同時分配兩個產品是安全的，因為系統沒有同時涵蓋它們兩者的不變性，它們不需要彼此一致。

Aggregate 模式是源自 DDD 社群的一種設計模式，可協助我們解決這種緊張關係。一個 *aggregate*（**集合體**）只是一種包含其他領域物件的領域物件，可讓我們將整個集合視為一個單位。

要修改 aggregate 裡面的物件，你必須載入整個東西，並且呼叫 aggregate 本身的方法。

隨著模型變得更複雜，被加入更多實體與值物件，而且在一個糾結的圖裡面互相引用，追蹤誰可以修改什麼將變得很困難。尤其是當模型裡面有**集合**時（我們的貨批就是一種集合），最好的做法是指定一些實體，當成修改與集合有關的物件的唯一入口。用一些物件負責其他物件的一致性可讓系統在概念上更簡單且易於瞭解。

例如，在建立購物網站時，Cart 應該是很好的 aggregate：它是一個包含可視為一個單位的項目的集合。重點在於，我們希望將整個購物籃當成單一 blob（二進位大型物件）從資料庫載入。我們不希望兩個請求同時修改購物籃，或陷入奇怪的並行性錯誤的風險。我們希望「針對購物籃的每一個變更」都在一次資料庫交易中執行。

我們不想要在一次交易中修改多個購物籃，因為我們沒有「同時改變多位顧客的購物籃」這種用例。每一個購物籃都是單一**一致性界限**，負責維護它自己的不變性。

> AGGREGATE 是由彼此相關的物件組成的群體，可視為一個進行資料變更的單位。
>
> —Eric Evans,《*Domain-Driven Design* 藍皮書》

根據 Evans 的說法，我們的 aggregate 有個根實體（Cart），它封裝了針對項目的存取。雖然每一個項目都有它自己的身分，但系統的其他部分總是將 Cart 當成一個不可分割的整體。

如同大家有時會使用 _*leading_underscores*（在開頭使用底線）來表示某個方法或函式是「私用」的，你可以將 aggregate 視為模型的「公用」類別，而其餘的實體與值物件是「私用」的。

選擇 Aggregate

我們該讓系統使用哪個 aggregate？雖然具體的選擇在某種程度上需要依靠個人判斷，但它很重要。aggregate 將是確保每一項操作最終都以一致狀態結束的界限，它可以協助我們瞭解軟體，並防止奇怪的競態（race）問題。我們想要在必須彼此一致的少量物件周圍劃定界限（為了性能，越小越好），並且幫這個界限取個好名稱。

我們在引擎蓋下操作的物件是 Batch，如何稱呼貨批的集合？如何將系統中的所有貨批劃分成分散的一致性孤島？

我們可以將 Shipment 當成界限，每一個 shipment 都包含一些貨批，這些貨批會同時抵達倉庫；或是將 Warehouse 當成界限，每一個 warehouse 都包含許多貨批，同時計算所有庫存是合理的動作。

然而，上述概念都無法讓我們滿意。我們必須能夠同時分配 DEADLY-SPOONs 與 FLIMSY-DESKs，即使它們在同一個 warehouse 或同一個 shipment，上述概念的粒度（granularity）是錯誤的。

當我們為一個訂單行配貨時，我們只對 SKU 與訂單行一樣的貨批感興趣，類似 GlobalSkuStock 這種概念應該可行，也就是特定 SKU 的所有貨批。

但是這個名稱很奇怪，所以在評估 SkuStock、Stock、ProductStock 等等之後，我們決定單純稱之為 Product，畢竟它是我們在第 1 章探索領域語言時遇到的第一個概念。

我們的計畫是這樣的：當我們想要為一個訂單行配貨時，我們不像圖 7-2 那樣查詢世界上所有的 Batch 物件並將它們傳給 allocate() 領域服務…

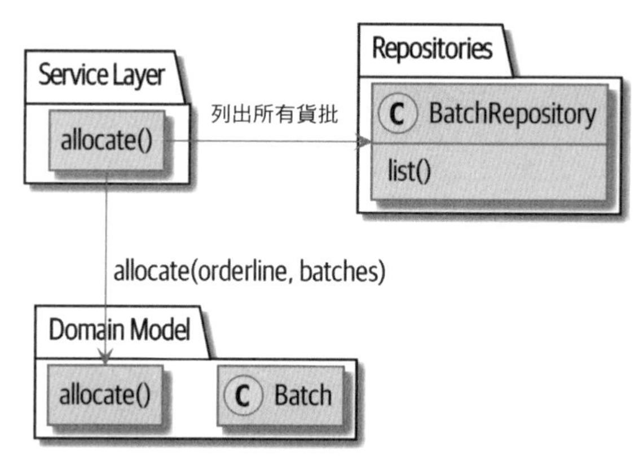

圖 7-2　之前：使用領域服務來分配所有貨批

…而是改成圖 7-3 的世界，裡面有一個新的 `Product` 物件代表訂單行的特定 SKU，它將負責該 *SKU* 的所有貨批，我們可以改成對它呼叫 `.allocate()` 方法。

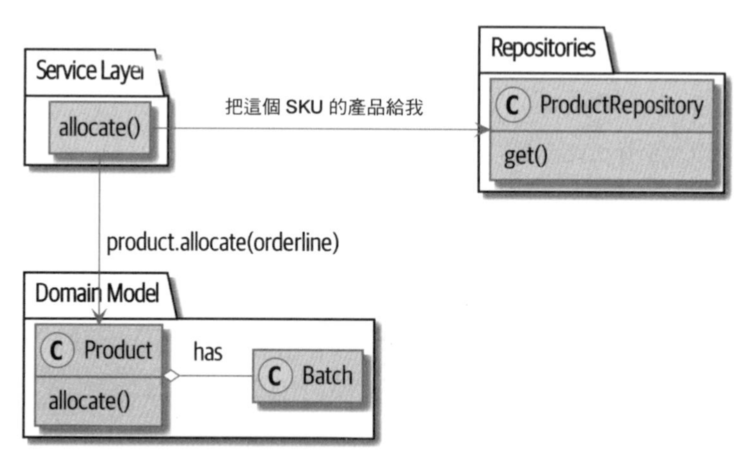

圖 7-3　之後：要求 Product 按其貨批進行分配

我們來看一下它的程式形式：

我們選擇的 *aggregate*，*Product*（*src/allocation/domain/model.py*）

```
class Product:

    def __init__(self, sku: str, batches: List[Batch]):
        self.sku = sku  ❶
        self.batches = batches  ❷
```

```
    def allocate(self, line: OrderLine) -> str:  ❸
        try:
            batch = next(
                b for b in sorted(self.batches) if b.can_allocate(line)
            )
            batch.allocate(line)
            return batch.reference
        except StopIteration:
            raise OutOfStock(f'Out of stock for sku {line.sku}')
```

❶ `Product` 的主要識別碼是 `sku`。

❷ `Product` 類別保存一個指向該 SKU 的 `batches` 的集合的參考。

❸ 最後，移動 `allocate()` 領域服務，將它變成 `Product` aggregate 的方法。

你可能認為這個 `Product` 與你預期的 `Product` 模型不一樣，它沒有價格、說明、尺寸。我們的配貨服務不在乎這些事情，這就是 bounded context 的威力，Product 這個概念在不同的 app 裡面可能有很大的差異。詳情見接下來的專欄。

Aggregate、Bounded Context 與 Microservice

Evans 與 DDD 社群最重要的貢獻之一就是 *bounded context* 這個概念（*https://martinfowler.com/bliki/BoundedContext.html*）。

實質上，它是阻止有人試著用單一模型來描述整個商務而採取的反應。*customer* 這個字在銷售、顧客服務、物流、補給等領域代表不同的事情。一個背景（context）需要的屬性與另一個背景是無關的，更糟糕的是，名稱相同的概念在不同的背景之下可能有完全不同的含義。與其試著建構單一模型（或類別，或資料庫）來描述所有用例，更好的做法是使用多個方法，在各個背景周圍劃定界限，並且明確地處理不同背景之間的轉換。

這個概念很好地轉移到微服務領域，其中，各個微服務都可以擁有它自己的「customer」概念，以及和其他微服務來回轉換的規則。

在我們的例子中，配貨服務有 `Product(sku, batches)`，而電子商務有 `Product(sku, description, price, image_url, dimensions, etc...)`。根據經驗，領域模型只應該擁有它們執行計算時需要的資料。

無論你有沒有使用微服務架構，在選擇 aggregate 時，你也必須決定它們在哪個 bounded context 之中運作。藉著限制 context，你可以將 aggregate 的數量降到最低，也可以管理它們的大小。

我們不得不再次聲明，我們無法在此完整地探討這個議題，只能鼓勵你在別的地方繼續研究它。在這個專欄開頭的 Fowler 連結是很好的起點，此外，任何一本 DDD 書籍都會用一或多章專門討論 bounded context。

一個 Aggregate = 一個 Repository

將某些實體定義成 aggregate 之後，你必須用規則來規定，它們是唯一可讓外界公開訪問（access）的實體，換句話說，只有回傳 aggregate 的 repository 才是合法的 repository。

「repository 只回傳 aggregate」是我們實施「aggregate 是進入領域模型的唯一管道」這條規範的主要地方。小心別打破它！

在例子中，我們從 BatchRepository 切換至 ProductRepository：

我們的新 UoW 與 repository（unit_of_work.py 與 repository.py）

```
class AbstractUnitOfWork(abc.ABC):
    products: repository.AbstractProductRepository

...

class AbstractProductRepository(abc.ABC):

    @abc.abstractmethod
    def add(self, product):
        ...

    @abc.abstractmethod
    def get(self, sku) -> model.Product:
        ...
```

我們需要稍微調整 ORM 層，讓正確的貨批可被自動載入，並且與 Product 物件建立關聯。好消息是，使用 Repository 模式代表我們還不需要擔心它。我們可以直接使用 FakeRepository，然後將新模型傳入服務層，看看它成為 Product 的主入口的樣子：

服務層（*src/allocation/service_layer/services.py*）

```
def add_batch(
        ref: str, sku: str, qty: int, eta: Optional[date],
        uow: unit_of_work.AbstractUnitOfWork
):
    with uow:
        product = uow.products.get(sku=sku)
        if product is None:
            product = model.Product(sku, batches=[])
            uow.products.add(product)
        product.batches.append(model.Batch(ref, sku, qty, eta))
        uow.commit()


def allocate(
        orderid: str, sku: str, qty: int,
        uow: unit_of_work.AbstractUnitOfWork
) -> str:
    line = OrderLine(orderid, sku, qty)
    with uow:
        product = uow.products.get(sku=line.sku)
        if product is None:
            raise InvalidSku(f'Invalid sku {line.sku}')
        batchref = product.allocate(line)
        uow.commit()
    return batchref
```

性能呢？

我們多次談到，因為我們想要做出高性能的軟體，所以我們用 aggregate 來建模，但是現在當我們只需要一個貨批時，卻必須載入**所有**貨批。或許你認為這是效率低下的做法，但是因為一些原因，我們覺得滿意。

首先，我們目的性地建立資料的模型，如此一來，我們就可以對資料庫發出單一查詢來進行讀取，以及僅用一次更新來保存變更。與發出大量臨時查詢的系統相較之下，這種做法的表現通常比較好。我們經常發現，當系統不使用這種模型時，隨著軟體的演進，交易會變得越來越漫長且越來越複雜。

第二，我們的資料結構是最精簡的，每一列（row）包含一些字串與整數。我們可以在幾毫秒之內輕鬆地載入數十甚至數百個貨批。

第三，我們預計每一次每一個產品只有 20 個貨批左右。當一個貨批用完之後，我們可以藉由計算來扣除它，這意味著我們讀取的資料量不會隨著時間的過去而失去控制。

如果我們預計一個產品有成千上萬個有效貨批，我們可以採取幾種做法，例如，我們可以針對產品的貨批使用惰性載入（lazy-loading），從程式的觀點來看，這不會改變任何事情，但是在幕後，SQLAlchemy 可以將資料分頁，這種做法會導致更多請求，每一個請求都抓取更少量的資料列。因為我們只需要尋找一個數量可以滿足訂單的貨批，所以這種做法的效果應該很好。

給讀者的習題

你已經看過程式的主要頂層了，所以這一題應該不難，我們希望你用 `Batch` 開始實作 `Product` aggregate，正如同我們所做的。

當然，你可以作弊並且從之前的程式中複製 / 貼上，但即使你這樣做，你仍然必須自行解決一些挑戰，例如將模型加入 ORM 並確保所有元件都可以互相溝通，我們希望這個練習對你有所啟發。

你可以在 GitHub 找到程式碼（*https://github.com/cosmicpython/code/tree/chapter_07_aggregate_exercise*）。我們在委託給既有的 `allocate()` 函式的地方加入「作弊」實作，你可以將它改成真正的東西。

我們用 `@pytest.skip()` 來標記一些測試，看完這一章之後，回到處理這些測試，試著實作版本號碼。如果你可以讓 SQLAlchemy 為你做這件事，你可以得到額外的分數！

如果所有其他選項都失敗，我們會尋求不同的 aggregate。或許我們可以使用地區或倉庫來拆開貨批，或許我們可以圍繞著貨運概念重新設計資料存取策略。Aggregate 模式的設計是為了協助管理一致性與性能方面的技術限制。世上沒有正確的 aggregate，一旦你發現界限造成性能問題，你就要果斷地改變主意。

用版本號碼來實作樂觀鎖

有了新 aggregate 之後，我們已經解決「選擇一個物件來負責一致性界限」的概念問題了。接下來我們要花一些時間討論如何在資料庫層級上實現資料完整性。

這一節有很多實作細節，例如有些是 Postgres 專屬的做法。但我們也會展示一種用來管理並行問題的做法，不過它只是其中一種做法。在這個領域中，真正的需求因專案而異，切勿期望可以將這裡的程式碼複製並貼到生產環境。

既然我們不想鎖住整個 `batches` 表，如何只鎖住特定 SKU 的某幾列？

有一種解決方案是在 `Product` 模型裡面，用一個屬性來代表整個狀態的改變已經完成，並且把它當成並行 worker 唯一可以爭奪的資源。如果有兩個交易同時讀取貨批世界的狀態，而且它們都想要更新 `allocations` 表，我們就強迫它們也要試著更新 `products` 表裡面的 `version_number`，如此一來，它們之間只有一個可以勝出，讓世界保持一致。

圖 7-4 是兩個並行交易同時執行讀取操作的情況，它們看到一個 `version=3` 的 `Product`，並且都呼叫 `Product.allocate()` 來修改狀態，但是因為我們設定了資料庫完整性規則，所以它們只有一個被允許 `commit version=4` 的新 `Product`，其他的更新都會被拒絕。

版本號碼只是實作樂觀鎖（optimistic locking）的其中一種方式，你也可以將 Postgres 交易隔離級別（transaction isolation level）設為 `SERIALIZABLE` 來完成同一件事，但這種做法通常會嚴重損害性能。版本號碼也可以將隱性的概念明確化。

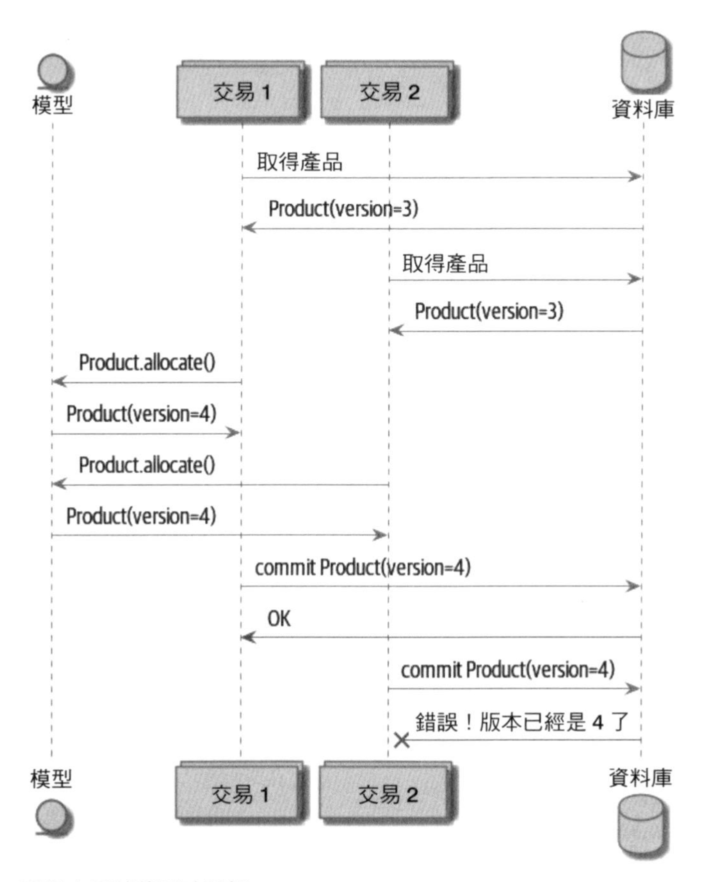

圖 7-4　時序圖：兩個交易試著同時更新 `Product`

樂觀並行控制與重試

我們剛才製作的東西稱為**樂觀**並行控制（*optimistic* concurrency control），因為我們預設，當兩位使用者同時對資料庫進行變更時，一切都不會有問題，我們認為他們不可能彼此衝突，所以直接讓他們進行操作，只確保有個方法可以注意是否有問題。

悲觀並行控制則是假設兩位用戶將會造成衝突，我們想要避免衝突在任何情況下發生，所以為了安全起見，我們鎖住所有東西。在我們的例子中，這代表鎖定整個 `batches` 表，或使用 `SELECT FOR UPDATE` ——我們假裝出於性能原因將它們排除在外，但是在現實生活中，你要自行做一些評估與衡量。

使用悲觀鎖定時，你不需要考慮失敗的處理，因為資料庫會幫你防止它們（雖然你要考慮死鎖（deadlock））。使用樂觀鎖定時，你要明確地處理發生衝突（希望不太可能發生）時可能產生的失敗。

處理失敗常見的方法是從頭開始重試失敗的操作。假設我們有兩位顧客，Harry 與 Bob，他們分別提供購買 `SHINY-TABLE` 的訂單，兩個執行緒都載入版本 1 的產品，並且分配庫存，資料庫防止並行更新，Bob 的訂單因為錯誤而失敗。當我們**重試**操作時，Bob 的訂單載入版本 2 的產品，並再次嘗試分配。如果有足夠的庫存，一些都沒問題，否則，他會收到 `OutOfStock`。在並行問題中，大部分的操作都可以用這種方式重試。

關於重試的詳情請參考第 162 頁的「同步地從錯誤中恢復」與第 234 頁的「Footguns」。

版本號碼的實作選項

版本號碼基本上有三種實作方式：

1. 將 `version_number` 放在領域（domain）內，我們將它加入 `Product` 建構式，並且讓 `Product.allocate()` 負責遞增它。
2. 服務層可以做這件事！版本號碼**嚴格**來說不是領域問題，所以服務層可以假設目前的版本號碼是由 repository 附加到 `Product` 的，而且服務層會在它執行 `commit()` 之前遞增它。
3. 因為它算是個基礎設施問題，UoW 與 repository 可以神奇地做這件事。repository 可以讀取它取得的任何產品的版本號碼，當 UoW 執行 commit 時，它可以為它知道的任何產品遞增版本號碼（假設它們都被更改了）。

選項 3 並不理想，因為你必須假設**所有**的產品都已經被更改才能採取這種做法，如此一來，你就會在不需要增加版本號碼的情況下增加它[1]。

選項 2 的服務層與領域層都有改變狀態的職責，所以它也有點混亂。

1 也許我們可以用一些神奇的 ORM/SQLAlchemy 功能來知道何時物件是髒的（dirty），但是在一般情況下，它是如何工作的呢？例如，對於 `CsvRepository`？

所以最終，雖然版本號碼不一定是領域問題，但最整潔的方案或許是將它們放入領域：

我們選擇的 *aggregate*，*Product*（*src/allocation/domain/model.py*）

```
class Product:

    def __init__(self, sku: str, batches: List[Batch], version_number: int = 0):  ❶
        self.sku = sku
        self.batches = batches
        self.version_number = version_number  ❶

    def allocate(self, line: OrderLine) -> str:
        try:
            batch = next(
                b for b in sorted(self.batches) if b.can_allocate(line)
            )
            batch.allocate(line)
            self.version_number += 1  ❶
            return batch.reference
        except StopIteration:
            raise OutOfStock(f'Out of stock for sku {line.sku}')
```

❶ 就是這樣！

如果你很難理解這些版本號碼事務，請記住，號碼並不重要，重點在於，Product 資料庫的列（row）在我們對 Product aggregate 進行變更時會被修改。使用版本號碼是為了以簡單、人類可以理解的方式來模擬會在每次寫入時改變的東西，它也有可能是每一次都會隨機產生的 UUID。

測試資料完整性規則

接下來要確保我們得到想要的行為——當兩位使用者同時對同一個 Product 進行配貨時，其中一個必須失敗，因為他們不能都更新版本號碼。

首先，我們用一個執行配貨的函式來模擬「緩慢」的交易，接著進行一個明確的睡眠[2]：

2 雖然 time.sleep() 很適合這個用例，但若要重現並行 bug，它就不是最可靠或最高效的選項了。你可以考慮在執行緒之間使用旗語（semaphores）或類似的同步機制，來保證更能夠產生正確的行為。

time.sleep 可以重現並行行為（*tests/integration/test_uow.py*）

```
def try_to_allocate(orderid, sku, exceptions):
    line = model.OrderLine(orderid, sku, 10)
    try:
        with unit_of_work.SqlAlchemyUnitOfWork() as uow:
            product = uow.products.get(sku=sku)
            product.allocate(line)
            time.sleep(0.2)
            uow.commit()
    except Exception as e:
        print(traceback.format_exc())
        exceptions.append(e)
```

接著我們讓測試程式並行呼叫這個緩慢的配置兩次，使用執行緒：

並行行為的整合測試（*tests/integration/test_uow.py*）

```
def test_concurrent_updates_to_version_are_not_allowed(postgres_session_factory):
    sku, batch = random_sku(), random_batchref()
    session = postgres_session_factory()
    insert_batch(session, batch, sku, 100, eta=None, product_version=1)
    session.commit()

    order1, order2 = random_orderid(1), random_orderid(2)
    exceptions = []  # 型態：List[Exception]
    try_to_allocate_order1 = lambda: try_to_allocate(order1, sku, exceptions)
    try_to_allocate_order2 = lambda: try_to_allocate(order2, sku, exceptions)
    thread1 = threading.Thread(target=try_to_allocate_order1)  ❶
    thread2 = threading.Thread(target=try_to_allocate_order2)  ❶
    thread1.start()
    thread2.start()
    thread1.join()
    thread2.join()

    [[version]] = session.execute(
        "SELECT version_number FROM products WHERE sku=:sku",
        dict(sku=sku),
    )
    assert version == 2  ❷
    [exception] = exceptions
    assert 'could not serialize access due to concurrent update' in str(exception)  ❸

    orders = list(session.execute(
        "SELECT orderid FROM allocations"
        " JOIN batches ON allocations.batch_id = batches.id"
        " JOIN order_lines ON allocations.orderline_id = order_lines.id"
```

```
        " WHERE order_lines.sku=:sku",
        dict(sku=sku),
    ))
    assert len(orders) == 1 ❹
    with unit_of_work.SqlAlchemyUnitOfWork() as uow:
        uow.session.execute('select 1')
```

❶ 啟動兩個可以可靠地產生並行行為的執行緒：read1、read2、write1、write2。

❷ 斷言版本號碼只會被增加一次。

❸ 喜歡的話，我們也可以檢查特定的例外。

❹ 仔細檢查只有一次配貨成功了。

使用資料庫交易隔離級別來實施並行規則

為了讓測試通過，我們可以設定 session 的交易隔離級別：

設定 *session* 的交易隔離級別（*src/allocation/service_layer/unit_of_work.py*）

```
DEFAULT_SESSION_FACTORY = sessionmaker(bind=create_engine(
    config.get_postgres_uri(),
    isolation_level="REPEATABLE READ",
))
```

交易隔離級別是個麻煩的東西，你應該花一些時間閱讀 Postgres 文件（*https://oreil.ly/5vxJA*）[3]。

悲觀並行控制範例：SELECT FOR UPDATE

這種機制有很多種做法，我們只展示一種。`SELECT FOR UPDATE`（*https://oreil.ly/i8wKL*）可以產生不同的行為，兩個並行交易不能同時對同一列執行讀取：

`SELECT FOR UPDATE` 是選擇一或多列當成鎖來使用的一種方式（儘管這些列不一定是你更新的）。如果兩個交易同時試著 `SELECT FOR UPDATE` 同一列，其中一個會勝出，另一個會等待鎖被解開。所以這是個悲觀並行控制的案例。

3 如果你不是使用 Postgres，你就要閱讀別的文件。麻煩的是，不同的資料庫有不同的定義，例如，Oracle 的 `SERIALIZABLE` 相當於 Postgres 的 `REPEATABLE READ`。

以下是使用 SQLAlchemy DSL 在查詢期指定 FOR UPDATE 的方式：

SQLAlchemy with_for_update（*src/allocation/adapters/repository.py*）

```
    def get(self, sku):
        return self.session.query(model.Product) \
                           .filter_by(sku=sku) \
                           .with_for_update() \
                           .first()
```

它會將並行模式從

```
read1, read2, write1, write2(fail)
```

改成

```
read1, write1, read2, write2(succeed)
```

有人將它稱為「read-modify-write」失敗模式。「PostgreSQL Anti-Patterns: Read-Modify-Write Cycles」是一篇很好的簡介（*https://oreil.ly/uXeZI*）。

我們沒有什麼時間討論 REPEATABLE READ 與 SELECT FOR UPDATE 之間的所有取捨，或樂觀 vs. 悲觀鎖定。但如果你的測試程式類似我們所展示的，你可以指定你想要的行為，並且看看它如何改變。你也可以將測試當成基礎來執行一些性能實驗。

結語

與並行控制有關的具體選擇因商業環境與儲存技術而有許多不同，我們希望用這一章討論 aggregate 的概念性觀念：我們明確地將一個物件做成模型的一些子集合的主入口，並讓它負責實施針對這些物件的不變性與商務規則。

選擇正確的 aggregate 至關重要，你也有可能隨著時間的過去而重新考慮你的決定。你可以在多本 DDD 書籍中進一步瞭解它。我們推薦 Vaughn Vernon（「紅皮書」的作者）所寫的這三篇關於有效的 aggregate 設計的線上論文（*https://dddcommunity.org/library/vernon_2011*）。

表 7-1 是實作 Aggregate 模式的優缺點。

表 7-1　Aggregates：優缺點

優點	缺點
• Python 可能沒有「官方的」公用與私用方法，但我們可以使用底線規範，因為試著指出哪些東西是「內部」使用的，哪些供「外部程式」使用，通常很有幫助。選擇 aggregates 只不過是高一個層次：它可讓你決定哪些領域模型類別是公用的，哪些不是。 • 圍繞著明確的一致性界限建立操作的模型有助於避免 ORM 的性能問題。 • 讓 aggregate 單獨負責次要模型的狀態改變可讓系統更容易理解，並且更容易控制不變性。	• 對開發者而言，它是必須瞭解的另一個新概念。解釋實體 vs. 值物件已經很有心理負擔了，現在還跑出第三種領域模型物件？ • 嚴格遵守「一次只修改一個 aggregate」的規則是一個巨大的心智轉變。 • 處理 aggregates 之間的最終一致性可能很複雜。

回顧 aggregate 與一致性界限

aggregate **是進入領域模型的入口**

藉著限制東西可被改變的手段數量，我們可讓系統更容易理解。

aggregate **負責一致性界限**

aggregate 的工作是管理關於不變性的商務規則，在它們被應用在一群相關的物件時。aggregate 的工作是檢查其職權範圍內的物件是否彼此一致，以及是否與規則一致，並且駁回違反規則的更改。

aggregate **與並行問題會一起出現**

在考慮如何實作這些一致性檢查時，我們最終會想到交易與鎖。選擇正確的 aggregate 會影響領域的性能以及概念組織。

第一部分回顧

你還記得圖 7-5，也就是第一部分的開頭展示的，預先展示我們的目的的圖表嗎？

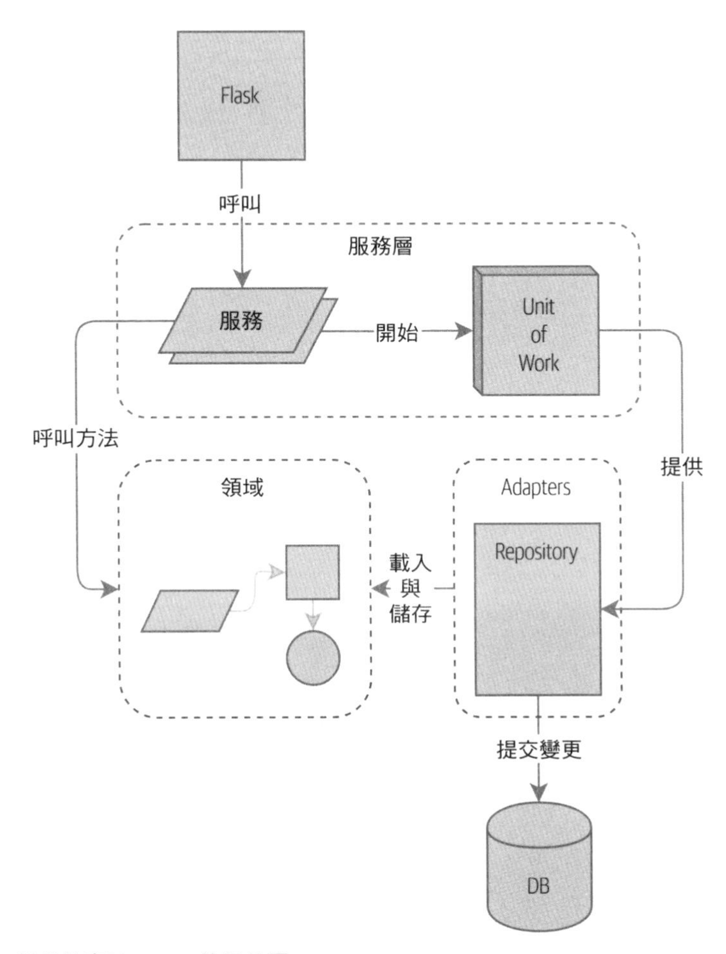

圖 7-5 在第一部分結束時，app 的元件圖

現在到了第一部分的結尾了，我們完成了什麼東西？我們看了如何建構一個領域模型，並且用一組高階的單元測試來檢驗它。我們的測試是活生生的文件，它們用易讀的程式碼來描述系統的行為（我們與商務利益相關者取得共識的規則）。當我們的商業活動需要改變時，我們相信測試程式會幫助我們驗證新的功能，當新的開發人員加入專案時，他們可以閱讀測試程式來瞭解系統如何工作。

我們讓系統的基礎設施元件（例如資料庫與 API 處理式）解耦，因此可以在 app 的外面插入它們。這有助於維持良好的基礎程式組織，以及防止做出大泥球。

藉由依賴反轉原則，以及使用源自 port 和 adapter 的模式，例如 Repository 與 Unit of Work，我們可以在高速檔與低速檔進行 TDD，並且維持健康的測試金字塔。我們可以對系統進行邊對邊測試，將整合測試與端對端測試的需求降到最低。

最後，我們探討一致性界限的概念。我們希望在進行變更時鎖定整個系統，所以要選擇哪些元件必須彼此維持一致。

對小型的系統而言，你只要做這些事就可以實行領域驅動設計的概念了。現在你已經知道如何建構「與資料庫無關的領域模型」，可以用模型來描述商務專家使用的語言了，萬歲！

冒著碎碎念的風險，我們還是要苦口婆心地說，每一種模式都是有代價的。每一個間接層都需要付出程式碼的複雜性與重複性的代價，並且會讓從未看過這些模式的程式員一頭霧水。如果你的 app 基本上只是一個包著資料庫的 CRUD 包裝，而且在可預見的未來只會如此，你就不需要這些模式，你可以直接使用 Django，為自己省下許多麻煩。

在第二部分，我們要把鏡頭拉遠，討論比較大型的主題：如果 aggregate 是我們的界限，而且一次只能更新一個，我們該如何為「跨越一致性界限的流程」建立模型？

第二部分

事件驅動架構

> 很抱歉我為這個主題創造了「物件」一詞，因為它讓很多人把注意力放在小概念上。
>
> 真正的大概念是「訊息傳遞」…要製作出色且可擴展的系統，關鍵在於設計模組的溝通方式，而不是設計其內部屬性與行為。
>
> —Alan Kay

能夠編寫一個領域模型來管理單一商務流程很好，但如果你需要編寫許多模型呢？在真實世界中，我們 app 位於一個組織內，必須與系統的其他部分交換資訊。你應該還記得圖 II-1 的情境圖。

面對這種需求，許多團隊都試著採用微服務，並且用 HTTP API 來整合，但如果他們不夠謹慎，最終會導致最混亂的情況：分散式大泥球。

在第二部分，我們將展示如何在分散式系統擴展第一部分的技術。我們會把鏡頭拉遠，看看如何將許多藉由傳遞非同步訊息來互動的小元件組成一個系統。

你將看到 Service Layer 與 Unit of Work 模式如何協助我們重新配置 app，讓它成為非同步訊息處理器，以及事件驅動系統如何協助我們將 aggregate 與 app 解耦。

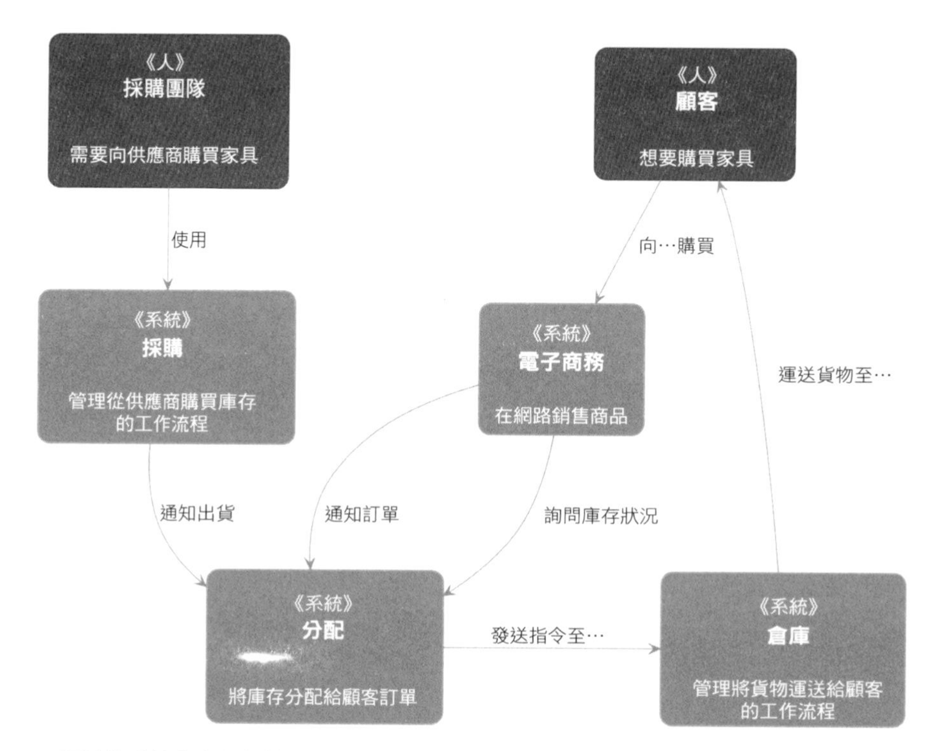

圖 II-1　但這些系統究竟如何彼此溝通？

我們將介紹下列模式與技術：

領域事件

　觸發跨越一致性界限的工作流程。

Message Bus

　讓你用統一的方式從任何端點呼叫用例。

CQRS

　將讀與寫分開，以避免事件驅動架構中的尷尬妥協，並提高性能與可擴展性。

我們也會加入一個依賴注入框架，它本身與事件驅動架構無關，但可以解決許多懸而未決的問題。

第八章

事件與 Message Bus

到目前為止，我們花了許多時間與精力來處理 Django 可以輕鬆地處理的問題，或許你會問，我們**真的**需要花這麼多精神來提高可測試性與表達性嗎？

不過我們發現，實際上把基礎程式搞得一團亂的東西都不是明確的功能，而是圍繞著邊界的粘稠物，也就是它的報告、授權，以及涉及無數物件的工作流程。

我們的範例有典型的通知需求——當我們因為缺貨而無法為訂單配貨時，應該提醒採購團隊，請他們採購更多庫存來修正這個問題，讓一切正常運作。

在第一版，我們的產品負責人表示，我們可以用電子郵件發送警報。

我們來看看，當我們插入一些構成大部分系統的普通事物時，架構如何維持正常。

我們會從最簡單、最快捷的事情開始做起，並討論為何這種決策會產生大泥球。

接著我們將展示如何使用 *Domain Events* 模式來將副作用與用例隔開，以及如何使用簡單的 *Message Bus* 模式，用事件來觸發行為。我們將展示一些建立這些事件的選項，以及如何將它們傳給 message bus，最後會說明如何修改 Unit of Work 模式來將兩者優雅地接在一起，如圖 8-1 所示。

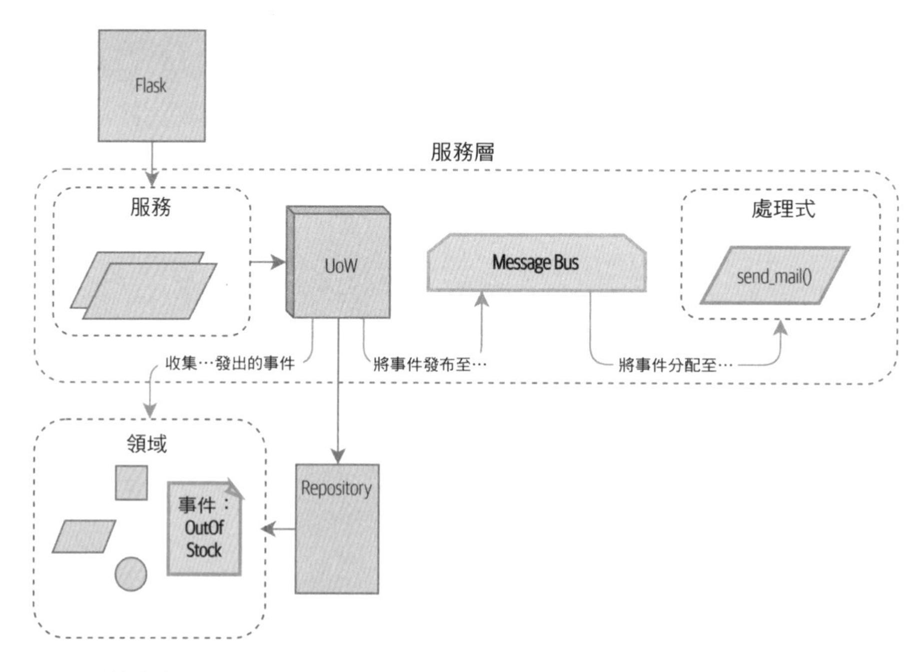

圖 8-1　流經系統的事件

本章的程式碼位於 GitHub 的 chapter_08_events_and_message_bus 分支（*https://oreil.ly/M-JuL*）：

```
git clone https://github.com/cosmicpython/code.git
cd code
git checkout chapter_08_events_and_message_bus
# 或是跟著寫程式，簽出上一章：
git checkout chapter_07_aggregate
```

避免製造混亂

email 會在缺貨時發出警報，如果新需求與核心領域無關，我們很容易將它們放入 web controller。

首先，讓我們避免將 web controller 弄得一團糟

這樣子進行一次性更改或許 OK：

只在端點修改它——會有什麼錯誤？（*src/allocation/entrypoints/flask_app.py*）

```
@app.route("/allocate", methods=['POST'])
def allocate_endpoint():
    line = model.OrderLine(
        request.json['orderid'],
        request.json['sku'],
        request.json['qty'],
    )
    try:
        uow = unit_of_work.SqlAlchemyUnitOfWork()
        batchref = services.allocate(line, uow)
    except (model.OutOfStock, services.InvalidSku) as e:
        send_mail(
            'out of stock',
            'stock_admin@made.com',
            f'{line.orderid} - {line.sku}'
        )
        return jsonify({'message': str(e)}), 400

    return jsonify({'batchref': batchref}), 201
```

…但是你可以輕易地看到，我們是如何用修補的方式來收拾這個爛攤子的。寄 email 不是 HTTP 層的工作，我們希望對這個新功能進行單元測試。

我們也不想要把模型弄得一團糟

假設我們不想要將這段程式放入 web controller，因為我們希望讓它們盡可能地薄，我們可以把它放入模型內的來源中：

將 *email* 寄送程式放入模型也不可愛（*src/allocation/domain/model.py*）

```
def allocate(self, line: OrderLine) -> str:
    try:
        batch = next(
            b for b in sorted(self.batches) if b.can_allocate(line)
        )
        #...
    except StopIteration:
        email.send_mail('stock@made.com', f'Out of stock for {line.sku}')
        raise OutOfStock(f'Out of stock for sku {line.sku}')
```

但是這更糟了！我們不希望模型依賴任何基礎設施，例如 `email.send_mail`。

這段寄出 email 的程式是不受歡迎**粘性物質**（*goop*），它擾亂了系統的整潔流程。我們希望領域模型把焦點放在「配貨的數量不能超過實際的庫存」這條規則上。

領域模型的工作是知道我們已經缺貨了，但發送警報是別人的工作。我們必須能夠打開或關閉這項功能，或是換成以 SMS 來通知，而不需要更改領域模型的規則。

或服務層！

「試著分配一些庫存，並且在失敗時寄出 email」這個需求是一種工作流程協作（orchestration）：也就是系統為了實現目標而必須遵循的一套步驟。

我們已經寫了一個服務層來管理協作了，但這個功能感覺起來也與它格格不入：

在服務層，格格不入（*src/allocation/service_layer/services.py*）

```
def allocate(
        orderid: str, sku: str, qty: int,
        uow: unit_of_work.AbstractUnitOfWork
) -> str:
    line = OrderLine(orderid, sku, qty)
    with uow:
        product = uow.products.get(sku=line.sku)
        if product is None:
            raise InvalidSku(f'Invalid sku {line.sku}')
        try:
            batchref = product.allocate(line)
            uow.commit()
            return batchref
        except model.OutOfStock:
            email.send_mail('stock@made.com', f'Out of stock for {line.sku}')
            raise
```

捕捉例外並重新發出它？情況搞不好更糟糕，我們絕對不喜歡這種做法，為什麼幫這段程式找個合適的家如此困難？

單一職責原則

其實，這違反了**單一職責原則**（SRP）[1]，該職責在我們的用例中是配貨（allocation）。我們的端點、服務函式，以及領域方法都稱為 `allocate`，而不是 `allocate_and_send_mail_if_out_of_stock`。

1　這個原則是 SOLID 之中的 *S*（*https://oreil.ly/AIdSD*）。

根據經驗，如果你必須使用「然後（then）」或「以及（and）」之類的字眼才能描述函式的工作，你可能就違反 SRP 了。

SRP 有一條規則是每一個類別都應該只有一個改變的理由。當我們將 email 換成 SMS 時，`allocate()` 函式應該是不需要修改的，因為它的職責顯然不同。

為了解決這個問題，我們要將協作（orchestration）拆成多個分開的步驟，以免讓不同的問題糾結在一起[2]。領域模型的職責是知道缺貨了，但送出警報的職責屬於別人。我們必須能夠打開或關閉這項功能，或切換成以 SMS 來通知，同時不需要更改領域模型的規則。

我們也希望讓服務層不需知道實作細節，我們想要對通知應用依賴反轉原則，讓服務層依靠抽象，正如我們使用 unit of work 來避免依靠資料庫。

全部都送到 Message Bus ！

接下來要介紹的模式是 *Domain Events* 與 *Message Bus*。實作它們的方式有很多種，我們會先展示其中的一些方式，再決定最喜歡的一種。

模型記錄事件

首先，我們讓模型將負責記錄**事件**（關於已發生的事情的事實），而不是關心 email。我們將使用 message bus 來回應事件，並呼叫新操作。

事件是簡單的資料類別

事件是一種值物件（*value object*），事件沒有任何行為，它們純粹是資料結構。我們總是以領域語言來命名事件，也將它們視為領域模型的一部分。

雖然我們可以將它們存入 *model.py*，但或許也可以將它們放在它們自己的檔案內（此時或許是考慮重構 *domain* 目錄的好時機，所以會產生 *domain/model.py* 與 *domain/events.py*）：

2 我們的技術校閱 Ed Jung 喜歡這樣說——從命令式（imperative）轉變成事件式（event-based）流程控制，就是將過往的 *orchestration*（編曲）變成 *choreography*（編舞）。

Event 類別（*src/allocation/domain/events.py*）

```
from dataclasses import dataclass

class Event:  ❶
    pass

@dataclass
class OutOfStock(Event):  ❷
    sku: str
```

❶ 有多個事件時，我們發現用一個父類別來儲存共同的屬性很方便。它也有助於在 message bus 進行型態提示，你很快就會看到。

❷ `dataclasses` 也很適合領域事件。

由模型發出事件

當領域模型記錄一個已經發生的事實時，我們說它發出（*raise*）一個事件。

這是它從外面看的樣子，如果我們要求 `Product` 進行配貨，但它做不到，它就會發出一個事件：

測試 *aggregate* 是否發出事件（*tests/unit/test_product.py*）

```
def test_records_out_of_stock_event_if_cannot_allocate():
    batch = Batch('batch1', 'SMALL-FORK', 10, eta=today)
    product = Product(sku="SMALL-FORK", batches=[batch])
    product.allocate(OrderLine('order1', 'SMALL-FORK', 10))

    allocation = product.allocate(OrderLine('order2', 'SMALL-FORK', 1))
    assert product.events[-1] == events.OutOfStock(sku="SMALL-FORK")  ❶
    assert allocation is None
```

❶ aggregate 公開一個稱為 `.events` 的新屬性，它裡面有一個關於已發生的事實的串列，使用 `Event` 物件的形式。

這是模型內部的樣子：

模型發出領域事件（*src/allocation/domain/model.py*）

```
class Product:

    def __init__(self, sku: str, batches: List[Batch], version_number: int = 0):
        self.sku = sku
        self.batches = batches
```

```
        self.version_number = version_number
        self.events = []  # 型態：List[events.Event]  ❶

    def allocate(self, line: OrderLine) -> str:
        try:
            #...
        except StopIteration:
            self.events.append(events.OutOfStock(line.sku))  ❷
            # 發出 OutOfStock(f'Out of stock for sku {line.sku}')  ❸
            return None
```

❶ 這是我們使用的新屬性 .events。

❷ 我們不直接呼叫寄 email 的程式，而是在這些事件發生的地方記錄它們，而且只使用領域的語言。

❸ 我們也停止針對缺貨情況發出例外。事件會做之前例外做的工作。

我們其實在處理一個一直存在的代碼異味——在控制流程中使用例外（*https://oreil.ly/IQB51*）。通常，當你實作領域事件時，不要發出例外來描述同一個領域概念。稍後，當我們在 Unit of Work 模式中處理事件時，你會看到釐清事件與例外是很麻煩的事情。

Message Bus 可將事件對映至處理式

message bus 基本上說的是「當我看到這個事件時，我應該呼叫接下來的處理式」。換句話說，它是個簡單的 publish-subscribe（發布 / 訂閱）系統。處理式被訂閱來接收事件，而事件是我們發布至 bus（匯流排）的東西。其實這件事做起來沒有聽起來那麼困難，我們通常用字典來實作它：

簡單的 *message bus*（*src/allocation/service_layer/messagebus.py*）

```
def handle(event: events.Event):
    for handler in HANDLERS[type(event)]:
        handler(event)


def send_out_of_stock_notification(event: events.OutOfStock):
    email.send_mail(
        'stock@made.com',
        f'Out of stock for {event.sku}',
    )
```

```
HANDLERS = {
    events.OutOfStock: [send_out_of_stock_notification],

}  # 型態：Dict[Type[events.Event], List[Callable]]
```

注意，我們做出來的 message bus 並未提供並行，因為一次只有一個處理式會執行。我們的目標不是支援平行的執行緒，而是在概念上拆開工作，還有讓各個 UoW 維持在最小。這可協助我們瞭解基礎程式，因為如何執行各個用例的「配方」都被寫在單一位置。見接下來的專欄。

它像 Celery 嗎？

Celery 是一種流行的 Python 工具，它的功能是將獨立且完善的工作區塊（chunk of work）推遲（defer）至一個非同步工作佇列。我們在這裡介紹的 message bus 與它有很大的不同，所以這個問題的答案是否定的。我們的 message bus 與 Node.js app、UI 事件迴圈或 actor 框架的共同點比較多。

如果你需要將工作移出主執行緒，你仍然可以使用我們的「以事件為主」的比喻，但我們建議你使用**外部事件**。表 11-1 會進一步討論這件事，但基本上，如果你做了一種可將事件持久保存至中央儲存體的機制，你可以訂閱其他容器或其他微服務來監聽它們。接下來，你就可以將「使用事件來將職責分給單一流程 / 服務內的 unit of work」這個概念擴展至多個流程——它們可能是在同一個服務內的不同容器，或完全不同的微服務。

如果你採取這種做法，分配任務的 API 就是你的事件類別，或它們的 JSON 表示形式。你可以靈活地決定要將任務分配給誰，它們不一定要是 Python 服務。Celery 分配任務的 API 基本上是「函式名稱加上引數」，比較受限，而且對象只能是 Python。

選項 1：讓服務層從模型接收事件，並將它們放到 Message Bus

領域模型發出事件，message bus 在事件發生時呼叫正確的處理式。我們的工作只是將兩者接起來。我們要設法從模型抓取事件，並將它們傳給 message bus——即發布步驟。

最簡單的做法是在服務層加入一些程式：

使用明確的 message bus 的服務層（src/allocation/service_layer/services.py）

```
from . import messagebus
...

def allocate(
        orderid: str, sku: str, qty: int,
        uow: unit_of_work.AbstractUnitOfWork
) -> str:
    line = OrderLine(orderid, sku, qty)
    with uow:
        product = uow.products.get(sku=line.sku)
        if product is None:
            raise InvalidSku(f'Invalid sku {line.sku}')
        try:  1
            batchref = product.allocate(line)
            uow.commit()
            return batchref
        finally:  ❶
            messagebus.handle(product.events)  ❷
```

❶ 我們保留之前的醜陋實作中的 `try/finally`（我們還沒有擺脫*所有*例外，只有 `OutOfStock`）。

❷ 但是現在，服務層不再直接依靠 email 基礎設施，它只負責將事件從模型傳到 message bus。

這已經避免以前的那種不成熟的做法之中的一些醜陋處了，我們有幾個採取這種工作方式的系統，其中，服務層會從 aggregate 明確地收集事件，並將它們傳給 message bus。

選項 2：讓服務層發出它自己的事件

另一個版本是讓服務層直接負責建立與發出事件，而不是讓領域模型發出它們：

服務層直接呼叫 *messagebus.handle*（*src/allocation/service_layer/services.py*）

```
def allocate(
        orderid: str, sku: str, qty: int,
        uow: unit_of_work.AbstractUnitOfWork
) -> str:
    line = OrderLine(orderid, sku, qty)
    with uow:
        product = uow.products.get(sku=line.sku)
        if product is None:
            raise InvalidSku(f'Invalid sku {line.sku}')
        batchref = product.allocate(line)
        uow.commit() ❶

        if batchref is None:
            messagebus.handle(events.OutOfStock(line.sku))
        return batchref
```

❶ 與之前一樣，我們即使配貨失敗也 commit，因為這樣程式比較簡單，也比較容易瞭解——除非有事情出錯，否則我們都會 commit。在沒有改變任何東西時 commit 是安全的，也會維持程式整潔。

我們的生產環境 app 也會用這種方式實作這個模式。你應該依你的情況選擇適合的做法，我們只是想要展示我們認為最優雅的解決方案，也就是讓 unit of work 負責收集與發出事件。

選項 3：由 UoW 發布事件給 Message Bus

UoW 已經有 `try/finally` 了，它也知道目前的所有 aggregate，因為它負責讓別人訪問 repository，所以它是發現事件，並傳給 message bus 的好地方：

當 *UoW* 遇到 *message bus*（*src/allocation/service_layer/unit_of_work.py*）

```
class AbstractUnitOfWork(abc.ABC):
    ...

    def commit(self):
        self._commit() ❶
        self.publish_events() ❷
```

```
    def publish_events(self):  ❷
        for product in self.products.seen:  ❸
            while product.events:
                event = product.events.pop(0)
                messagebus.handle(event)

    @abc.abstractmethod
    def _commit(self):
        raise NotImplementedError

...

class SqlAlchemyUnitOfWork(AbstractUnitOfWork):
    ...

    def _commit(self):  ❶
        self.session.commit()
```

❶ 以後會將 commit 方法修改成使用子類別的 `._commit()` 私用方法。

❷ commit 之後，我們遍歷 repository 見過的所有物件，並將它們的事件傳給 message bus。

❸ 這有賴 repository 使用新屬性 `.seen` 追蹤已經被載入的 aggregate，你將在接下來的程式中看到 `.seen`。

你是否在想，如果其中有一個處理式失敗時會怎樣？我們將在第 10 章詳細探討錯誤處理。

repository 追蹤被傳給它的 *aggregate*（*src/allocation/adapters/repository.py*）

```
class AbstractRepository(abc.ABC):

    def __init__(self):
        self.seen = set()  # type: Set[model.Product]  ❶

    def add(self, product: model.Product):  ❷
        self._add(product)
        self.seen.add(product)

    def get(self, sku) -> model.Product:  ❸
        product = self._get(sku)
        if product:
```

```
            self.seen.add(product)
        return product

    @abc.abstractmethod
    def _add(self, product: model.Product):  ❷
        raise NotImplementedError

    @abc.abstractmethod  ❸
    def _get(self, sku) -> model.Product:
        raise NotImplementedError



class SqlAlchemyRepository(AbstractRepository):

    def __init__(self, session):
        super().__init__()
        self.session = session

    def _add(self, product):  ❷
        self.session.add(product)

    def _get(self, sku):  ❸
        return self.session.query(model.Product).filter_by(sku=sku).first()
```

❶ 為了讓 UoW 能夠發布新事件，它必須有能力詢問 repository 哪些 `Product` 物件在這次對話（session）中已經被用過了。我們使用 `.seen` 集合來儲存它們，這代表我們的實作必須呼叫 `super().__init__()`。

❷ 父代的 `add()` 方法將東西加入 `.seen`，現在子類別要實作 `._add()`。

❸ 同樣的，`.get()` 將工作委託給 `._get()` 函式，由子類別實作該函式，以描述見到的物件。

除了使用 *`._underscorey()`* 方法與繼承來實作這些模式之外，你當然也可以使用其他方式，做一下本章的「給讀者的習題」，試驗一些替代方案。

讓 UoW 與 repository 合作，來自動追蹤物件並處理它們的事件之後，服務層就完全不需要關心事件處理問題了：

服務層恢復整潔了（*src/allocation/service_layer/services.py*）

```
def allocate(
        orderid: str, sku: str, qty: int,
        uow: unit_of_work.AbstractUnitOfWork
) -> str:
    line = OrderLine(orderid, sku, qty)
    with uow:
        product = uow.products.get(sku=line.sku)
        if product is None:
            raise InvalidSku(f'Invalid sku {line.sku}')
        batchref = product.allocate(line)
        uow.commit()
        return batchref
```

我們也必須記得更改服務層裡面的 fake，並且讓它們在正確的地方呼叫 super()，以及實作「名稱之中有底線」的方法，但修改的地方不多：

調整服務層的 *fake*（*tests/unit/test_services.py*）

```
class FakeRepository(repository.AbstractRepository):

    def __init__(self, products):
        super().__init__()
        self._products = set(products)

    def _add(self, product):
        self._products.add(product)

    def _get(self, sku):
        return next((p for p in self._products if p.sku == sku), None)

...

class FakeUnitOfWork(unit_of_work.AbstractUnitOfWork):
    ...

    def _commit(self):
        self.committed = True
```

給讀者的習題

你是否發現這些 ._add() 與 ._commit() 方法都「醜死了」？（我們敬愛的技術校閱 Hynek 說的）它們會「讓你想要用玩具蛇打 Harry 的頭」嗎？嘿，我們的程式只是範例，不是完美的解決方案！何不試試能不能做得更好？

有一種實現「組合勝過繼承」的方式是實作包裝（wrapper）類別：

先加入功能再進行委託的包裝（*src/adapters/repository.py*）

```
class TrackingRepository:
    seen: Set[model.Product]

    def __init__(self, repo: AbstractRepository):
        self.seen = set()  # type: Set[model.Product]
        self._repo = repo

    def add(self, product: model.Product):  ❶
        self._repo.add(product)  1
        self.seen.add(product)

    def get(self, sku) -> model.Product:
        product = self._repo.get(sku)
        if product:
            self.seen.add(product)
        return product
```

❶ 藉著包裝 repository，我們可以呼叫實際的 .add() 與 .get() 方法，避免「在名稱中使用底線」這種奇怪的做法。

看看你能不能也對 UoW 類別使用類似的模式來擺脫這些 Java 風格的 _commit() 方法。你可以在 GitHub 找到程式碼（*https://github.com/cosmicpython/code/tree/chapter_08_events_and_message_bus_exercise*）。

將所有 ABC 換成 typing.Protocol 是強迫自己避免使用繼承的好方法。如果你寫出好東西，請讓我們知道！

現在你可能會擔心維護這些 fake 將成為一種負擔。這無疑是另一項工作，但是根據我們的經驗，這項工作不太繁重。一旦專案開始運行，repository 與 UoW 抽象的介面其實不會改變太多。而且使用 ABC 有助於提醒你何時狀況開始偏差。

結語

領域事件提供一種處理系統內部工作流程的方式。當我們與領域專家進行討論時，我們經常發現他們使用因果性或時間性的語言表達需求，例如「在進行配貨卻沒有庫存時，我們要寄一封 email 給採購團隊」。

「如果 X，就 Y」這個神奇的句子通常代表系統內有個事件可以具體化。在模型中將事件當成最高級的東西來對待可協助程式更容易測試、觀察以及隔離關注點。

表 8-1 是我們看到的優缺點。

表 8-1　領域事件：優缺點

優點	缺點
• 當我們為了回應一個請求而必須採取多個行動時，message bus 可為我們很好地拆開職責。 • 事件處理式可以和「核心」app 邏輯妥善解耦，所以將來很容易改變它們的實作。 • 領域事件是建立真實世界模型的好方法，當我們與商務關係人一起建立模型時，可以將它們當成部分的商務語言使用。	• message bus 是另一個傷腦筋的東西，unit of work 為我們發出事件的實作很簡潔，但也很奇幻。我們很難看出「呼叫 `commit` 並且寄 email 給別人」的情況。 • 此外，隱藏起來的事件處理程式是同步執行的，這意味著除非所有事件的處理式都完成工作了，否則服務層函式不會完成工作，這會在 web 端點導致意外的性能問題（雖然你有機會加入非同步處理，但是這會讓人更困惑）。 • 更廣泛地說，事件驅動工作流程也可能會令人困惑，因為當你將東西拆至多個處理式之後，你就無法從系統之中的單一地點瞭解請求是如何被滿足的。 • 你也造成事件處理式之間有循環依賴關係的可能性，以及有無窮迴圈的可能性。

不過，事件的用途不是只有寄送 email。我們在第 7 章花了一些時間說服你定義 aggregate，或定義保證一致性的界限。很多人會問「如果我需要在請求的一部分改變多個 aggregate 時該怎麼做？」現在已經有回答這個問題所需的工具了。

如果兩個東西在交易上是可以隔開的（例如訂單與產品），我們就可以用事件來讓它們**最終保持一致**。當訂單被取消時，我們要找到被分配給它的產品，並且移除配貨。

回顧領域事件與 Message Bus

事件可以輔助單一職責原則

當我們在同一個地方混合多個關注點時，程式會變得混亂。事件可以藉著將主要與次要的用例分開，來協助維持整潔。我們也在 aggregate 之間使用事件進行通訊，以免執行冗長的交易，長期鎖住多個資料表。

***message bus* 會將訊息傳給處理式**

你可以將 message bus 想成一個將事件對映至其使用方的字典。它只是一個基礎設施，對事件的含義一無所「知」，用途是在系統中傳遞訊息。

選項 *1*：由服務層發出事件，再將它們傳給 *message bus*

要在系統中使用事件，最簡單的方法是在 commit unit of work 之後呼叫 `bus.handle(some_new_event)`，從處理式發出它們。

選項 *2*：由領域模型發出事件，再由服務層將它們傳給 *message bus*

與發出事件的時機有關的邏輯應該與模型放在一起，如此一來，我們就可以藉著從領域模型發出事件來改善系統的設計與易測試性。我們的處理式可以輕鬆地從模型物件中收集事件，在將它們 commit 與傳給 bus 之後。

選項 *3*：由 *UoW* 從 *aggregate* 收集事件，並將它們傳給 *message bus*

在每一個處理式加入 `bus.handle(aggregate.events)` 很麻煩，所以我們整理一下，讓 unit of work 負責發出事件（之前是由被載入的物件發出的）。這是最複雜的設計，可能要依靠奇幻的 ORM，但它很簡潔，而且一旦設置好就很容易使用。

在第 9 章，我們要用新的 message bus 來建構更複雜的工作流程，並且更仔細地探討這個概念。

第九章

搭著 Message Bus 進城

在這一章，我們要真正讓事件成為 app 內部結構的基本元素。我們會從圖 9-1 所示的當前狀態開始做起，其中的事件是選用的副作用…

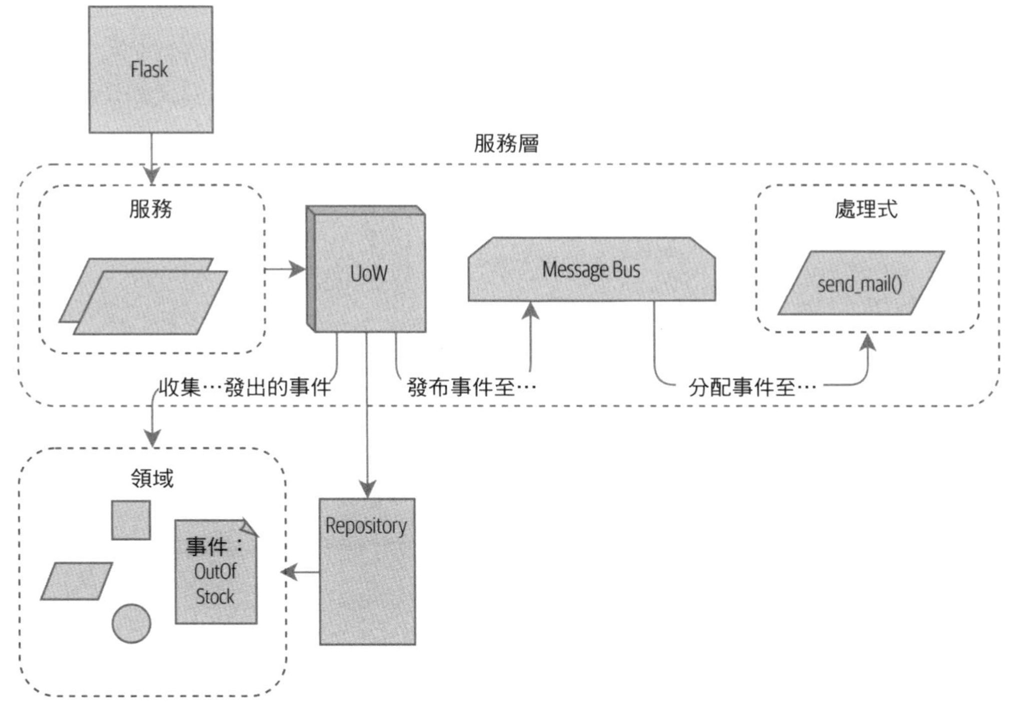

圖 9-1　之前：message bus 是選用的外掛

…改成圖 9-2 的情況，其中所有東西都會經過 message bus，而且 app 已經被根本性地轉換成訊息處理器了。

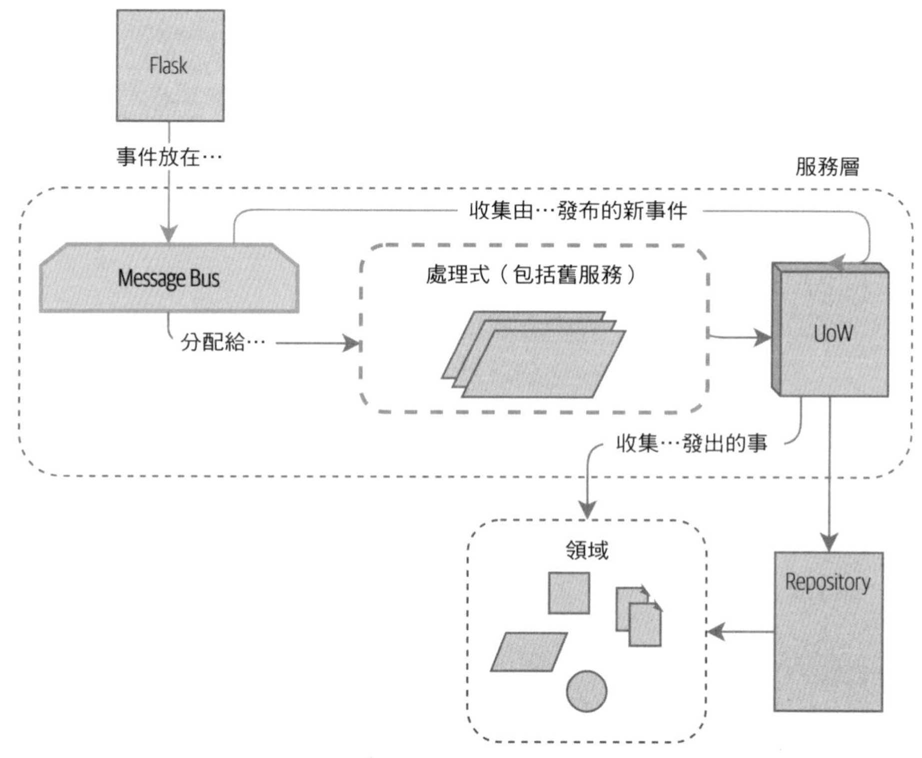

圖 9-2　現在 message bus 是進入服務層的主要入口

本章的程式碼位於 GitHub 的 chapter_09_all_messagebus 分支（*https://oreil.ly/oKNkn*）：

```
git clone https://github.com/cosmicpython/code.git
cd code
git checkout chapter_09_all_messagebus
# 或是跟著寫程式，簽出上一章：
git checkout chapter_08_events_and_message_bus
```

新需求讓我們必須改用新架構

Rich Hickey 曾經談到 *situated software*，意思是長時間運行，用來管理真實世界流程的軟體，例如倉庫管理系統、物流調度程式，以及薪資系統。

這種軟體寫起來很麻煩，因為在真實世界中，因為在充斥著實物與不可靠的人類的真實世界中，意想不到的事情終究會發生。例如：

- 在盤點的過程中，我們發現三個 SPRINGY-MATTRESS 因為屋頂漏水而損壞了。
- 有一批 RELIABLE-FORK 因為遺失重要的文件，而被海關扣留幾週。有三個 RELIABLE-FORK 因為沒有通過安全測試而被銷毀。
- 因為全球性的亮片缺貨，我們無法生產下一批 SPARKLY-BOOKCASE。

這些情況讓我們知道在系統中改變貨批數量的必要性。或許有人把貨單上的號碼搞錯了，或許有些沙發從卡車掉下來了。與業務討論之後[1]，我們建立這種情況的模型，如圖 9-3 所示。

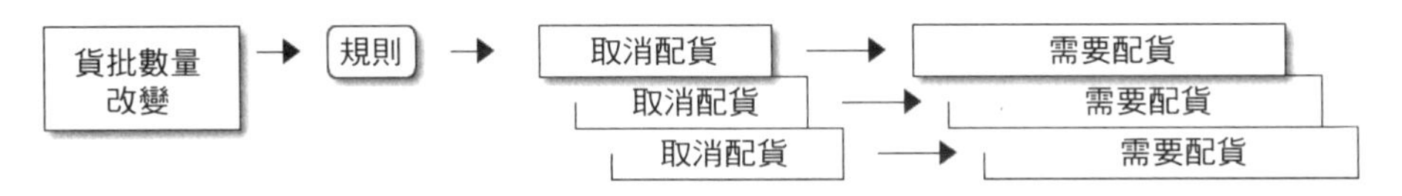

圖 9-3　貨批數量的改變意味著必須取消配貨並且重新配貨

BatchQuantityChanged 這個事件會讓我們更改貨批的數量，但它也應用一條**商務規則**：如果新數量少於配貨後的總數量，我們就要**取消**針對該貨批的訂單的配貨。接著，每一張訂單都要重新配貨，我們可以用稱為 AllocationRequired 的事件來描述它。

或許你已經預料到內部的 message bus 與事件可以協助實作這種需求，我們可以定義一個稱為 change_batch_quantity 的服務，讓它知道如何調整貨批數量，以及如何為任何超額的訂單行**取消配貨**，接著為各個取消配貨發出 AllocationRequired 事件，將它轉傳給位於另一個交易中的既有配貨服務。message bus 同樣可以協助我們實施單一職責原則，可讓我們做出關於交易與資料完整性的選擇。

1　由於基於事件的建模方式非常流行，有人開發一種稱為事件風暴（*event storming*）的實踐法，可以促進基於事件的需求收集，以及領域模型的完善。

想像架構的改變：一切都是事件處理式

但是在埋頭苦幹之前，我們要先想一下目標是什麼。我們的系統有兩種流程：

- 服務層函式負責處理的 API 呼叫
- 內部事件（可能是作為服務層函式的副作用發出的）以及它們的處理式（反過來呼叫服務層函式）

如果一切都是事件處理式會不會更簡單？如果我們將「呼叫 API」想成「捕捉事件」，這些服務層的函式也可以變成事件處理式，我們就不需要區分內部與外部的事件處理式了：

- `services.allocate()` 可以變成 `AllocationRequired` 事件的處理式，而且可以發出 `Allocated` 事件作為它的輸出。
- `services.add_batch()` 可以變成 `BatchCreated` 事件的處理式[2]。

我們的新需求符合同一個模式：

- 有個稱為 `BatchQuantityChanged` 的事件可呼叫稱為 `change_batch_quantity()` 的處理式。
- 它引發的新事件 `AllocationRequired` 也可以傳給 `services.allocate()`，所以「來自 API 的全新配貨」與「因為取消配貨，所以在內部觸發的重新配貨」之間沒有概念上的區別。

聽起來工作有點多？我們循序漸進地完成它。我們將依循 Preparatory Refactoring（*https://oreil.ly/W3RZM*）工作流程，即「先讓修改變得容易，再輕鬆地進行修改」：

1. 將服務層重構成事件處理式可讓我們習慣「以事件來描述系統的輸入」這個概念。具體來說，既有的 `services.allocate()` 函式將會變成 `AllocationRequired` 事件的處理式。
2. 建立一個端對端測試，將 `BatchQuantityChanged` 事件傳入系統，並看到 `Allocated` 事件跑出來。
3. 我們的實作在概念上非常簡單：用一個新的處理式來處理 `BatchQuantityChanged` 事件，它會發出 `AllocationRequired` 事件，用 API 所使用的同一個配貨處理式處理該事件。

---

2 如果你看過事件驅動架構，你可能會想「有些事件聽起來比較像指令（command）！」忍耐一下！因為我們想要一次解釋一個概念，在下一章，我們將介紹指令與事件之間的區別。

在過程中，我們會稍微調整 message bus 與 UoW，將「把新事件放到 message bus」的職責交給 message bus 本身來做。

將服務函式重構為訊息處理式

我們先來定義兩個描述當前的 API 輸入的事件——`AllocationRequired` 與 `BatchCreated`：

BatchCreated 與 *AllocationRequired* 事件（*src/allocation/domain/events.py*）

```
@dataclass
class BatchCreated(Event):
    ref: str
    sku: str
    qty: int
    eta: Optional[date] = None

...

@dataclass
class AllocationRequired(Event):
    orderid: str
    sku: str
    qty: int
```

接著將 *services.py* 改名為 *handlers.py*；我們加入 `send_out_of_stock_notification` 的訊息處理式，更重要的是，我們更改所有的處理式，讓它們有相同的輸入，也就是一個事件還有一個 UoW：

處理式與服務是同一個東西（*src/allocation/service_layer/handlers.py*）

```
def add_batch(
        event: events.BatchCreated, uow: unit_of_work.AbstractUnitOfWork
):
    with uow:
        product = uow.products.get(sku=event.sku)
        ...


def allocate(
        event: events.AllocationRequired, uow: unit_of_work.AbstractUnitOfWork
) -> str:
    line = OrderLine(event.orderid, event.sku, event.qty)
    ...
```

```
def send_out_of_stock_notification(
        event: events.OutOfStock, uow: unit_of_work.AbstractUnitOfWork,
):
    email.send(
        'stock@made.com',
        f'Out of stock for {event.sku}',
    )
```

我用 + - 符號來讓變動更清楚：

將服務改成處理式（*src/allocation/service_layer/handlers.py*）

```
 def add_batch(
-        ref: str, sku: str, qty: int, eta: Optional[date],
-        uow: unit_of_work.AbstractUnitOfWork
+        event: events.BatchCreated, uow: unit_of_work.AbstractUnitOfWork
 ):
     with uow:
-        product = uow.products.get(sku=sku)
+        product = uow.products.get(sku=event.sku)
     ...


 def allocate(
-        orderid: str, sku: str, qty: int,
-        uow: unit_of_work.AbstractUnitOfWork
+        event: events.AllocationRequired, uow: unit_of_work.AbstractUnitOfWork
 ) -> str:
-    line = OrderLine(orderid, sku, qty)
+    line = OrderLine(event.orderid, event.sku, event.qty)
     ...

+
+def send_out_of_stock_notification(
+        event: events.OutOfStock, uow: unit_of_work.AbstractUnitOfWork,
+):
+    email.send(
     ...
```

在過程中，我們讓服務層的 API 更結構化且更一致，它本來是分散的基本元素，現在則是使用一些定義明確的物件（見接下來的專欄）。

從領域物件到基本型態痴迷到以事件為介面

有人可能還記得在第 75 頁的「將服務層測試與領域完全解耦」裡面，我們將服務層 API 從使用領域物件改為使用基本型態，但現在卻走回頭路，改成不同的物件？為什麼？

在 OO 圈，大家將**基本型態痴迷**（*primitive obsession*）視為一種反模式，很多人說：不要在公用 API 裡面使用基本型態，而是要將它們包在自訂的值類別裡面。但是在 Python 領域，很多人對這種說法抱持懷疑態度，如果你不加思考地採取這種做法，一定會導致不必要的複雜性，所以我們不這樣做。

將領域物件改成基本型態可以很好地解耦，用戶端程式與領域再也不會直接耦合了，所以即使模型被修改，服務層也可以提供維持不變的 API，反之亦然。

那我們是在退步嗎？這樣說好了，我們的核心領域模型物件仍然可以自由地改變，但我們將外部世界與事件類別耦合起來了。它們也是領域的一部分，但我們認為它們的變化沒那麼頻繁，所以它們是可以耦合的東西。

那我們可以得到什麼好處？現在，當我們在 app 裡面呼叫一個用例時，我們再也不需要記住特定的基本型態組合了，只要記得單一事件類別，它代表 app 的輸入。這在概念上是件好事。更重要的是，你將會在附錄 E 看到，這些事件類別是驗證輸入的好地方。

現在 message bus 會從 UoW 收集事件

現在事件處理式需要 UoW。此外，message bus 更靠近 app 的中心了，讓它明確地收集與處理新事件是很好的做法。目前 UoW 與 message bus 之間還有一些循環依賴關係，下面的程式會將它變成單向的：

handle 接收 UoW 並管理一個佇列（*src/allocation/service_layer/messagebus.py*）

```
def handle(event: events.Event, uow: unit_of_work.AbstractUnitOfWork):  ❶
    queue = [event]  ❷
    while queue:
        event = queue.pop(0)  ❸
        for handler in HANDLERS[type(event)]:  ❸
            handler(event, uow=uow)  ❹
            queue.extend(uow.collect_new_events())  ❺
```

❶ 現在 message bus 每次啟動時都會被傳給 UoW。

❷ 開始處理第一個事件時，啟動一個佇列。

❸ 從佇列的最前面取出事件，並呼叫它們的處理式（HANDLERS 字典沒有改變，它仍然將事件類型對映至處理式）。

❹ message bus 將 UoW 傳給各個處理式。

❺ 在各個處理式結束之後，收集所有生成的新事件，並將它們加入佇列。

在 *unit_of_work.py* 裡面的 publish_events() 變成比較不積極的方法，collect_new_events()：

UoW 不會將事件直接放入 bus 了（src/allocation/service_layer/unit_of_work.py）

```
-from . import messagebus  ❶
-


 class AbstractUnitOfWork(abc.ABC):
@@ -23,13 +21,11 @@ class AbstractUnitOfWork(abc.ABC):

     def commit(self):
         self._commit()
-        self.publish_events()  ❷

-    def publish_events(self):
+    def collect_new_events(self):
         for product in self.products.seen:
             while product.events:
-                event = product.events.pop(0)
-                messagebus.handle(event)
+                yield product.events.pop(0)  ❸
```

❶ unit_of_work 模組不依靠 messagebus 了。

❷ 我們不在 commit 自動 publish_events 了。message bus 會追蹤事件佇列。

❸ UoW 不會主動將事件放到 message bus 了，它會直接提供它們。

測試也都用事件來編寫

現在測試程式會建立事件並將它們放到 message bus，而不是直接呼叫服務層函式：

處理式的測試程式會使用事件（*tests/unit/test_handlers.py*）

```
class TestAddBatch:

    def test_for_new_product(self):
        uow = FakeUnitOfWork()
-       services.add_batch("b1", "CRUNCHY-ARMCHAIR", 100, None, uow)
+       messagebus.handle(
+           events.BatchCreated("b1", "CRUNCHY-ARMCHAIR", 100, None), uow
+       )
        assert uow.products.get("CRUNCHY-ARMCHAIR") is not None
        assert uow.committed

...

class TestAllocate:

    def test_returns_allocation(self):
        uow = FakeUnitOfWork()
-       services.add_batch("batch1", "COMPLICATED-LAMP", 100, None, uow)
-       result = services.allocate("o1", "COMPLICATED-LAMP", 10, uow)
+       messagebus.handle(
+           events.BatchCreated("batch1", "COMPLICATED-LAMP", 100, None), uow
+       )
+       result = messagebus.handle(
+           events.AllocationRequired("o1", "COMPLICATED-LAMP", 10), uow
+       )
        assert result == "batch1"
```

暫時性的醜陋修改：message bus 必須回傳結果

當 API 與服務層呼叫 allocate() 處理式時，它們想要知道已配貨的貨批參考，所以我們必須對 message bus 進行臨時性的修改，讓它回傳事件：

message bus 回傳結果（*src/allocation/service_layer/messagebus.py*）

```
def handle(event: events.Event, uow: unit_of_work.AbstractUnitOfWork):
+   results = []
    queue = [event]
    while queue:
        event = queue.pop(0)
        for handler in HANDLERS[type(event)]:
```

```
-               handler(event, uow=uow)
+               results.append(handler(event, uow=uow))
                queue.extend(uow.collect_new_events())
+       return results
```

這是因為我們在系統中混合「讀」與「寫」職責了。我們會在第 12 章回來修改這個缺陷。

修改 API 來使用事件

將 Flask 改為 message bus（src/allocation/entrypoints/flask_app.py）

```
 @app.route("/allocate", methods=['POST'])
 def allocate_endpoint():
     try:
-        batchref = services.allocate(
-            request.json['orderid'],  ❶
-            request.json['sku'],
-            request.json['qty'],
-            unit_of_work.SqlAlchemyUnitOfWork(),
+        event = events.AllocationRequired(  ❷
+            request.json['orderid'], request.json['sku'], request.json['qty'],
         )
+        results = messagebus.handle(event, unit_of_work.SqlAlchemyUnitOfWork())  ❸
+        batchref = results.pop(0)
     except InvalidSku as e:
```

❶ 我們再也不需要使用一堆從 request JSON 提取出來的基本型態來呼叫服務層了…

❷ 而是先實例化一個事件。

❸ 再將它傳給 message bus。

我們的 app 又可以正常運作了，但現在它完全是事件驅動的：

- 以前的服務層函式變成事件處理式。
- 它們與「領域模型引發的內部事件的處理函式」一樣。
- 我們將事件當成資料結構來描述系統收到的輸入，以及用來交付內部工作封包（internal work package）。
- 現在整個 app 可視為訊息處理器（message processor）或事件處理器（event processor），如果你喜歡這樣叫它的話。我們將在下一章討論區別。

實作新需求

完成重構階段之後，我們來看看是否真的「讓修改變得輕鬆」。我們來實作新的需求，如圖 9-4 所示，我們會從輸入接收一些新的 BatchQuantityChanged 事件，並將它們傳給一個處理式，它可能會發出一些 AllocationRequired 事件，這些事件會回到既有的處理式，來進行重新配貨。

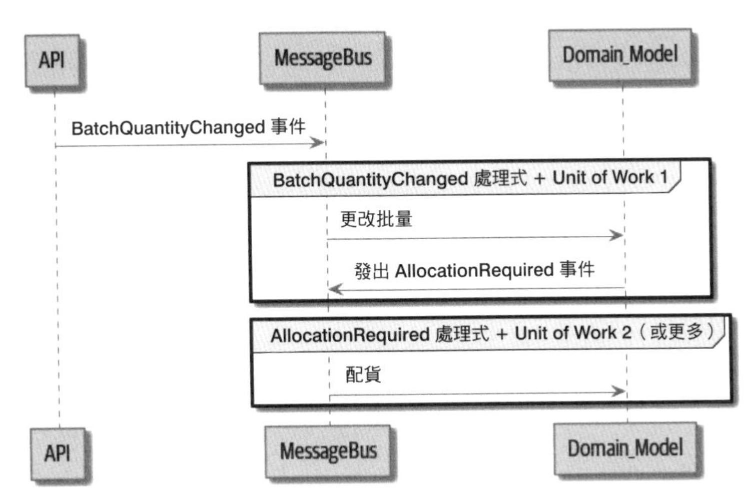

圖 9-4　重新配貨流程的時序圖

拆成兩個 units of work 會有兩個資料庫交易，所以可能有完整性問題，也許會第一個交易完成了，但第二個還沒有。你必須考慮能不能接受這種情況，以及是否需要知道有這種情況發生，並採取行動。更多說明見第 234 頁的「Footguns」。

我們的新事件

通知貨批數量已經改變的事件很簡單，它只需要貨批參考和新數量：

新事件（*src/allocation/domain/events.py*）

```
@dataclass
class BatchQuantityChanged(Event):
    ref: str
    qty: int
```

測試新處理式

按照第 4 章的教導，我們可以在「高速檔」操作，並且以最高抽象級別（以事件的形式）編寫單元測試。這是它們可能的樣子：

測試 *change_batch_quantity*（*tests/unit/test_handlers.py*）

```
class TestChangeBatchQuantity:

    def test_changes_available_quantity(self):
        uow = FakeUnitOfWork()
        messagebus.handle(
            events.BatchCreated("batch1", "ADORABLE-SETTEE", 100, None), uow
        )
        [batch] = uow.products.get(sku="ADORABLE-SETTEE").batches
        assert batch.available_quantity == 100  ❶

        messagebus.handle(events.BatchQuantityChanged("batch1", 50), uow)

        assert batch.available_quantity == 50  ❶


    def test_reallocates_if_necessary(self):
        uow = FakeUnitOfWork()
        event_history = [
            events.BatchCreated("batch1", "INDIFFERENT-TABLE", 50, None),
            events.BatchCreated("batch2", "INDIFFERENT-TABLE", 50, date.today()),
            events.AllocationRequired("order1", "INDIFFERENT-TABLE", 20),
            events.AllocationRequired("order2", "INDIFFERENT-TABLE", 20),
        ]
        for e in event_history:
            messagebus.handle(e, uow)
        [batch1, batch2] = uow.products.get(sku="INDIFFERENT-TABLE").batches
        assert batch1.available_quantity == 10
        assert batch2.available_quantity == 50

        messagebus.handle(events.BatchQuantityChanged("batch1", 25), uow)

        # order1 或 order2 會重新配貨，所以我們有 25 - 20 個
        assert batch1.available_quantity == 5  ❷
        # 而且 20 個會被重新分配給下一貨批
        assert batch2.available_quantity == 30  ❷
```

❶ 簡單的案例很容易製作，我們只要修改數量即可。

❷ 但如果我們試著將數量改成少於配貨之後的數量，我們就至少要為一個訂單重新配貨，並且預期會將它分給新的貨批。

實作

新處理式很簡單：

處理式委託給模型層（*src/allocation/service_layer/handlers.py*）

```
def change_batch_quantity(
        event: events.BatchQuantityChanged, uow: unit_of_work.AbstractUnitOfWork
):
    with uow:
        product = uow.products.get_by_batchref(batchref=event.ref)
        product.change_batch_quantity(ref=event.ref, qty=event.qty)
        uow.commit()
```

我們發現 repository 需要新的查詢類型：

repository 的新查詢類型（*src/allocation/adapters/repository.py*）

```
class AbstractRepository(abc.ABC):
    ...

    def get(self, sku) -> model.Product:
        ...

    def get_by_batchref(self, batchref) -> model.Product:
        product = self._get_by_batchref(batchref)
        if product:
            self.seen.add(product)
        return product

    @abc.abstractmethod
    def _add(self, product: model.Product):
        raise NotImplementedError

    @abc.abstractmethod
    def _get(self, sku) -> model.Product:
        raise NotImplementedError

    @abc.abstractmethod
    def _get_by_batchref(self, batchref) -> model.Product:
        raise NotImplementedError
```

```
    ...

class SqlAlchemyRepository(AbstractRepository):
    ...

    def _get(self, sku):
        return self.session.query(model.Product).filter_by(sku=sku).first()

    def _get_by_batchref(self, batchref):
        return self.session.query(model.Product).join(model.Batch).filter(
            orm.batches.c.reference == batchref,
        ).first()
```

FakeRepository 也需要：

也要更改偽 repo（tests/unit/test_handlers.py）

```
class FakeRepository(repository.AbstractRepository):
    ...

    def _get(self, sku):
        return next((p for p in self._products if p.sku == sku), None)

    def _get_by_batchref(self, batchref):
        return next((
            p for p in self._products for b in p.batches
            if b.reference == batchref
        ), None)
```

我們在 repository 加入一個查詢來讓這個用例更容易實作。只要我們的查詢回傳一個 aggregate，我們就不會改變任何規則。如果你發現自己在 repository 編寫複雜的查詢，或許你要考慮不同的設計。`get_most_popular_products` 或 `find_products_by_order_id` 這類的方法代表事有蹊蹺。第 11 章與結語有一些關於管理複雜查詢的技巧。

在領域模型的新方法

我們將新方法加入模型，它會在行內進行數量變更與解除配貨，並且發布新事件。我們修改既有的配貨函式，來發布一個事件：

我們的模型不斷發展，來描述新的需求（*src/allocation/domain/model.py*）

```
class Product:
    ...

    def change_batch_quantity(self, ref: str, qty: int):
        batch = next(b for b in self.batches if b.reference == ref)
        batch._purchased_quantity = qty
        while batch.available_quantity < 0:
            line = batch.deallocate_one()
            self.events.append(
                events.AllocationRequired(line.orderid, line.sku, line.qty)
            )
...

class Batch:
    ...

    def deallocate_one(self) -> OrderLine:
        return self._allocations.pop()
```

我們來連接新的處理式：

message bus 成長了（*rc/allocation/service_layer/messagebus.py*）

```
HANDLERS = {
    events.BatchCreated: [handlers.add_batch],
    events.BatchQuantityChanged: [handlers.change_batch_quantity],
    events.AllocationRequired: [handlers.allocate],
    events.OutOfStock: [handlers.send_out_of_stock_notification],

}  # 型態：Dict[Type[events.Event], List[Callable]]
```

我們已經完全實現新需求了。

選擇性做法：用偽 Message Bus 對事件處理式單獨進行單元測試

重新配貨工作流程的主要測試是**端對端**的（見第 146 頁的「測試新處理式」的範例程式）。它使用真正的 message bus，而且測試整個流程，其中 BatchQuantityChanged 事件處理式觸發取消配貨，並發出新的 AllocationRequired 事件，這些事件會被它們自己的處理式處理。我們的測試覆蓋一連串的多個事件與處理式。

取決於一連串事件的複雜性，或許你會獨立測試某些處理式。你可以使用「偽」message bus 來做這件事。

在我們的案例中，我們其實藉著修改 FakeUnitOfWork 的 publish_events() 方法來進行干預，並將它與真正的 message bus 分開，改成讓它記錄它看到的事件：

在 UoW 中實作的偽 message bus（tests/unit/test_handlers.py）

```
class FakeUnitOfWorkWithFakeMessageBus(FakeUnitOfWork):

    def __init__(self):
        super().__init__()
        self.events_published = []  # 型態：List[events.Event]

    def publish_events(self):
        for product in self.products.seen:
            while product.events:
                self.events_published.append(product.events.pop(0))
```

現在使用 FakeUnitOfWorkWithFakeMessageBus 來呼叫 messagebus.handle() 時，它只會執行該事件的處理式，讓我們可以編寫更獨立的單元測試，我們只想確認當數量低於配貨後的總數時，BatchQuantityChanged 會造成 AllocationRequired，而不是檢查所有的副作用：

獨立測試重新配貨（tests/unit/test_handlers.py）

```
def test_reallocates_if_necessary_isolated():
    uow = FakeUnitOfWorkWithFakeMessageBus()

    # 與之前一樣測試設置
    event_history = [
        events.BatchCreated("batch1", "INDIFFERENT-TABLE", 50, None),
        events.BatchCreated("batch2", "INDIFFERENT-TABLE", 50, date.today()),
        events.AllocationRequired("order1", "INDIFFERENT-TABLE", 20),
        events.AllocationRequired("order2", "INDIFFERENT-TABLE", 20),
    ]
    for e in event_history:
        messagebus.handle(e, uow)
    [batch1, batch2] = uow.products.get(sku="INDIFFERENT-TABLE").batches
    assert batch1.available_quantity == 10
    assert batch2.available_quantity == 50

    messagebus.handle(events.BatchQuantityChanged("batch1", 25), uow)

    # 斷言新事件被發出，而不是下游的副作用
```

```
    [reallocation_event] = uow.events_published
    assert isinstance(reallocation_event, events.AllocationRequired)
    assert reallocation_event.orderid in {'order1', 'order2'}
    assert reallocation_event.sku == 'INDIFFERENT-TABLE'
```

要不要做這件事取決於一連串事件的複雜度，我們認為應該先從邊對邊測試開始做起，必要時再採取這種做法。

給讀者的習題

如果你想要真的瞭解一段程式，有一種很棒的做法是重構它。在討論獨立測試處理式時，我們使用 `FakeUnitOfWorkWithFakeMessageBus` 這個東西，它過於複雜，並且違反 SRP。

如果我們將 message bus 改成類別[3]，那麼建構 `FakeMessageBus` 將會比較容易：

抽象的 message bus 以及它的真實與偽造版本

```
class AbstractMessageBus:
    HANDLERS: Dict[Type[events.Event], List[Callable]]

    def handle(self, event: events.Event):
        for handler in self.HANDLERS[type(event)]:
            handler(event)


class MessageBus(AbstractMessageBus):
    HANDLERS = {
        events.OutOfStock: [send_out_of_stock_notification],

    }


class FakeMessageBus(messagebus.AbstractMessageBus):
    def __init__(self):
        self.events_published = []  # 型態：List[events.Event]
        self.handlers = {
            events.OutOfStock: [lambda e: self.events_published.append(e)]
        }
```

3　本章的「簡單版」實作基本上使用 *messagebus.py* 模組本身來實作 Singleton 模式。

> 研究 GitHub（*https://github.com/cosmicpython/code/tree/chapter_09_all_messagebus*）上的程式，看看你能不能讓類別版本正常運作，接著編寫之前的 `test_reallocates_if_necessary_isolated()` 的版本。
>
> 如果你需要更多靈感，我們使用第 13 章的類別式 message bus。

結語

我們來回顧一下之前完成的工作，並思考為何要做那些事。

我們完成了什麼事？

事件是簡單的資料類別，它定義了輸入與系統內部訊息的資料結構。從 DDD 的角度來看，它的功能非常強大，因為事件通常可以很好地轉換成商務語言（尋找一下**事件風暴**（*event storming*），如果你還不知道它的話）。

處理式是我們對事件做出反應的方式，它們可以呼叫我們的模型，或呼叫外部服務。我們可以在必要時為單一事件定義多個處理式，處理式也可以發出其他事件，所以我們可以非常細緻地瞭解處理式做了什麼事情，以及堅守 SRP。

為什麼要做那些事？

一直以來，我們使用這些模式的目的，都是希望讓 app 的複雜度的成長速度低於 app 大小的成長速度。當我們完全採用 message bus 時，一如既往，我們會付出架構複雜度的代價（見表 9-1），但我們得到一個可以處理幾乎任何複雜需求的模式，而不需要對做事的方法進行概念或架構方面的任何變更。

我們在這裡加入相當複雜的用例（改變數量、取消配貨、開始新交易、重新配貨、發布外部通知），但是在架構上，我們沒有付出複雜性方面的成本。我們加入了新事件、新處理式，以及新外部 adapter（email 用），它們都是在架構中已經存在的**事物**種類，我們已經瞭解它們，知道如何理解它們，向新進人員解釋它們也很簡單，每一個元件都有一項任務，它們都以明確的方式相互連接，而且沒有意外的副作用。

表 9-1　整個 app 都是一個 message bus：優缺點

優點	缺點
• 處理式與服務是同一個東西，所以比較簡單。 • 讓系統的輸入有個很棒的資料結構。	• 從 web 觀點來看，message bus 仍然是一種稍微不可預測的做事方式，你無法事先知道事情何時會結束。 • 模型物件與事件之間有欄位（field）與結構的重複，產生維護成本。在其中一方加入欄位通常至少也會在另一方加入欄位。

現在你可能會納悶，這些 `BatchQuantityChanged` 事件會來自哪裡？答案將在幾章之後揭曉，在那之前，我們要先討論事件 vs. 指令。

第十章

指令與指令處理式

在上一章，我們用事件來代表系統的輸入，將 app 改成訊息處理器。

為此，我們將所有的用例函式轉換成事件處理式。當 API 收到建立新貨批的 POST 時，它會建立一個新的 `BatchCreated` 事件，並且像處理內部事件一樣處理它。或許這聽起來有悖常理，畢竟，貨批**還沒有**被建立，而這就是之前呼叫 API 的原因。我們接下來要用指令來修正這個概念上的缺陷，並展示如何用同一個 message bus，但使用稍微不同的規則來處理它們。

本章的程式碼位於 GitHub 的 chapter_10_commands 分支（*https://oreil.ly/U_VGa*）：

```
git clone https://github.com/cosmicpython/code.git
cd code
git checkout chapter_10_commands
# 或是跟著寫程式，簽出上一章：
git checkout chapter_09_all_messagebus
```

指令與事件

如同事件，**指令**（*command*）是一種訊息，也就是從系統的一個部分送到另一個部分的指示。我們經常用基本資料結構來代表指令，並且用非常類似處理事件的方式來處理它。

不過，瞭解指令與事件之間的區別很重要。

指令是由一個 actor 送給另一個特定的 actor，期望特定的事情將會發生，作為結果。將一個表單 post 至 API 處理式就是送出一個指令。我們用祈使語氣動詞短句來為指令命名，例如「allocate stock」或「delay shipment」。

指令描述**意圖**（*intent*），它代表我們想要讓系統做某些事情的祈望，因此，當它們失敗時，傳送方必須收到錯誤資訊。

事件是由 actor 廣播給所有有興趣的監聽者的，當我們發布 `BatchQuantityChanged` 時，我們並不知道誰會接收它。我們用過去式動詞短句來幫事件命名，例如「order allocated to stock」或「shipment delayed」。

我們通常使用事件來散播與指令成功有關的知識。

事件描述關於過去發生的**事實**。因為我們不知道事件被誰處理，所以傳送方不需要在乎接收方究竟成功還是失敗。表 10-1 複習這些區別。

表 10-1　事件 vs. 指令

	事件	指令
命名	過去式	祈使語氣
錯誤處理	孤獨地失敗	喧鬧地失敗
傳給	所有監聽者	一個接收方

我們的系統現在有哪些指令？

拉出一些指令（*src/allocation/domain/commands.py*）

```
class Command:
    pass

@dataclass
class Allocate(Command):  ❶
    orderid: str
    sku: str
    qty: int

@dataclass
class CreateBatch(Command):  ❷
    ref: str
    sku: str
    qty: int
```

```
        eta: Optional[date] = None

    @dataclass
    class ChangeBatchQuantity(Command):  ❸
        ref: str
        qty: int
```

❶ commands.Allocate 將取代 events.AllocationRequired。

❷ commands.CreateBatch 將取代 events.BatchCreated。

❸ commands.ChangeBatchQuantity 將取代 events.BatchQuantityChanged。

例外處理的差異

雖然只改變名稱與動詞也很好，但是這不會改變系統的行為。我們想要用相似的方式對待事件與指令，但不是用一模一樣的方式。我們來看一下 message bus 變成怎樣：

以不同的方式發送事件與指令（*src/allocation/service_layer/messagebus.py*）

```
Message = Union[commands.Command, events.Event]


def handle(message: Message, uow: unit_of_work.AbstractUnitOfWork):  ❶
    results = []
    queue = [message]
    while queue:
        message = queue.pop(0)
        if isinstance(message, events.Event):
            handle_event(message, queue, uow)  ❷
        elif isinstance(message, commands.Command):
            cmd_result = handle_command(message, queue, uow)  ❷
            results.append(cmd_result)
        else:
            raise Exception(f'{message} was not an Event or Command')
    return results
```

❶ 它仍然有個主要的 handle() 入口，這個函式接收一個訊息，訊息可以是指令或事件。

❷ 將事件與指令發送給兩個不同的輔助函式，如下所示。

以下是處理事件的方式：

事件不能中斷流程（*src/allocation/service_layer/messagebus.py*）

```
def handle_event(
    event: events.Event,
    queue: List[Message],
    uow: unit_of_work.AbstractUnitOfWork
):
    for handler in EVENT_HANDLERS[type(event)]:  ❶
        try:
            logger.debug('handling event %s with handler %s', event, handler)
            handler(event, uow=uow)
            queue.extend(uow.collect_new_events())
        except Exception:
            logger.exception('Exception handling event %s', event)
            continue  ❷
```

❶ 事件被送到一個發送器，這個發送器可以將各個事件委託給多個處理式。

❷ 它會捕捉與 log 錯誤，但不會讓它們中斷訊息處理流程。

以下是處理指令的做法：

指令會發出例外（*src/allocation/service_layer/messagebus.py*）

```
def handle_command(
    command: commands.Command,
    queue: List[Message],
    uow: unit_of_work.AbstractUnitOfWork
):
    logger.debug('handling command %s', command)
    try:
        handler = COMMAND_HANDLERS[type(command)]  ❶
        result = handler(command, uow=uow)
        queue.extend(uow.collect_new_events())
        return result  ❸
    except Exception:
        logger.exception('Exception handling command %s', command)
        raise  ❷
```

❶ 指令發送器認為每個指令只有一個處理式。

❷ 如果有任何錯誤被發出，它們會快速失敗，並且往上傳。

❸ `return result` 只是暫時性的，如第 143 頁的「暫時性的醜陋修改：message bus 必須回傳結果」所述，它是個暫時性的更改，為了讓 message bus 回傳貨批參考，供 API 使用。我們會在第 12 章修改它。

我們也將單一 HANDLERS dict 改成讓指令與事件使用的不同 dict。根據我們的規範，指令只能有一個 handler：

新的 *handler* 字典（*src/allocation/service_layer/messagebus.py*）

```
EVENT_HANDLERS = {
    events.OutOfStock: [handlers.send_out_of_stock_notification],
}  # 型態：Dict[Type[events.Event], List[Callable]]

COMMAND_HANDLERS = {
    commands.Allocate: handlers.allocate,
    commands.CreateBatch: handlers.add_batch,
    commands.ChangeBatchQuantity: handlers.change_batch_quantity,
}  # 型態：Dict[Type[commands.Command], Callable]
```

探討：事件、指令與錯誤處理

現在很多開發者會不舒服地問「如果有事件無法被處理會怎樣？我該如何確保系統處於一致的狀態？」如果在使用 messagebus.handle 處理事件的過程中，遇到「記憶體不足」誤殺我們的程序，我們該如何緩解訊息遺失引發的問題？

我們從最糟糕的情況談起，即，因為無法成功處理某個事件，導致系統處於不一致的狀態。哪一種錯誤會造成這種情況？在我們的系統中，當一項操作只完成一半時，通常會產生不一致的狀態。

例如，我們可能將三個單位的 DESIRABLE_BEANBAG 分配給一位顧客的訂單，但因為某個原因，沒有扣掉庫存的數量，造成不一致狀態——有三個單位的庫存已被分配，**而且**可被再次分配，取決於你如何看待它。之後，我們可能會將同一組 beanbag 分配給另一位顧客，給客服帶來麻煩。

但是，在配貨服務中，我們已經採取一些步驟來防止這件事發生了。我們已經仔細地找出一個作為一致性界限的 *aggregate*，並且加入一個 *UoW* 來管理針對 aggregate 進行更新時的原子性成功或失敗了。

例如，當我們將庫存分配給訂單時，一致性界限是 Product aggregate，這意味著我們不可能不小心過度配貨，無論是不是特定的訂單行被分配給產品，都沒有不一致狀態的空間。

根據定義，我們不要求兩個 aggregate 需要立刻一致，所以如果我們無法成功處理一個事件，並且只更新一個 aggregate，系統最終仍然可以保持一致，不會違反系統的任何約束。

知道這個例子之後，我們就更能夠理解為何要將訊息拆成指令與事件了。當使用者想要讓系統做某一件事，我們就將它們的請求表示成**指令**，那個指令應該修改單一 *aggregate*，而且總體來看，結果不是成功就是失敗。我們需要處理的任何其他簿記、清理與通知都可以用事件來進行。我們不要求事件處理式必須成功才能讓指令成功。

我們來看另一個範例（來自另一個想像的專案）來看看為什麼不。

假設我們要建立一個電子商務網站來銷售昂貴的奢侈品。行銷部門想要獎勵回訪的顧客，所以會在顧客購買三次之後將他們標記為 VIP，讓他們有權享受優先待遇和特別優惠。針對這個情境，我們的接受準則如下：

```
假設某位顧客的歷史紀錄有兩筆訂單，
當這位顧客第三次下單時，
他應該被標為 VIP。

當顧客第一次成為 VIP 時，
我們應該寄一封 email 來恭喜他。
```

使用本書討論過的技術，我們決定建立一個新的 `History` aggregate 來記錄訂單，並且在符合規則時發出領域事件。程式的架構是：

VIP 顧客（不同專案的範例程式）

```
class History:  # Aggregate

    def __init__(self, customer_id: int):
        self.orders = set() # Set[HistoryEntry]
        self.customer_id = customer_id

    def record_order(self, order_id: str, order_amount: int): ❶
        entry = HistoryEntry(order_id, order_amount)

        if entry in self.orders:
            return

        self.orders.add(entry)

        if len(self.orders) == 3:
            self.events.append(
                CustomerBecameVIP(self.customer_id)
```

```
        )


def create_order_from_basket(uow, cmd: CreateOrder): ❷
    with uow:
        order = Order.from_basket(cmd.customer_id, cmd.basket_items)
        uow.orders.add(order)
        uow.commit() # 發出 OrderCreated


def update_customer_history(uow, event: OrderCreated): ❸
    with uow:
        history = uow.order_history.get(event.customer_id)
        history.record_order(event.order_id, event.order_amount)
        uow.commit() # 發出 CustomerBecameVIP


def congratulate_vip_customer(uow, event: CustomerBecameVip): ❹
    with uow:
        customer = uow.customers.get(event.customer_id)
        email.send(
            customer.email_address,
            f'Congratulations {customer.first_name}!'
        )
```

❶ 用 `History` aggregate 描述顧客何時成為 VIP 的規則，當規則變得更複雜時，它可讓我們輕鬆地處理變更。

❷ 第一個處理式為顧客建立一個訂單，並發出領域事件 `OrderCreated`。

❸ 第二個處理式更新 `History` 物件，來記錄有一筆訂單已被建立。

❹ 最後，當顧客變成 VIP 時，我們寄一封 email 給他。

我們可以使用這段程式來建立一些關於事件驅動系統中的錯誤處理機制的直覺。

在目前的實作中，我們將狀態存入資料庫**之後**發出關於 aggregate 的事件。如果我們在保存**之前**發出這些事件，同時 commit 所有的變更呢？如此一來，我們就可以確保所有的工作都完成了，這樣會不會更安全？

然而，如果 email 稍微過載會怎樣？如果所有工作都同時完成，忙碌的 email 伺服器可能會阻礙我們收取訂單的費用。

如果在 `History` aggregate 的實作中有 bug 呢？難道只因為我們無法認出你是 VIP，我們就無法成功收到你的錢嗎？

拆開這些關注點可讓事情單獨失敗，進而改善系統的整體可靠性。這段程式唯一需要完成的部分是建立訂單的指令處理式，它是顧客唯一在乎的部分，也是我們的商務關係人應該優先處理的部分。

注意我們是如何讓交易界限與商務流程的開始與結束保持一致的。我們在程式中使用的名稱符合商務關係人使用的行話，而且我們寫的處理式符合以自然語言描述的接受標準步驟。當系統變得更大且更複雜時，這種名稱與結構之間的一致性可協助我們理解它。

同步地從錯誤中恢復

希望我們已經說服你事件可以獨立於引發它的命令而失敗。當錯誤不可避免地發生時，我們該做些什麼，才能確保可從錯誤中恢復過來呢？

首先，我們必須知道**何時**發生錯誤，為此，我們通常使用 log。

我們再來看一下來自 message bus 的 `handle_event` 方法：

目前的處理式（*src/allocation/service_layer/messagebus.py*）

```
def handle_event(
    event: events.Event,
    queue: List[Message],
    uow: unit_of_work.AbstractUnitOfWork
):
    for handler in EVENT_HANDLERS[type(event)]:
        try:
            logger.debug('handling event %s with handler %s', event, handler)
            handler(event, uow=uow)
            queue.extend(uow.collect_new_events())
        except Exception:
            logger.exception('Exception handling event %s', event)
            continue
```

當我們在系統中處理訊息時，第一項工作就是寫一行 log 來記錄我們將要執行的操作。對 `CustomerBecameVIP` 用例而言，log 可能是：

```
Handling event CustomerBecameVIP(customer_id=12345)
with handler <function congratulate_vip_customer at 0x10ebc9a60>
```

因為我們使用資料類別作為訊息型態，我們可以得到整齊的輸入資料摘要，並且可以將它們複製並貼到 Python shell 來重建物件。

當錯誤發生時，我們可以使用 log 出來的資料在單元測試中重現問題，或是重新將訊息傳入系統。

如果我們要先修正 bug 才能重新處理事件，手動重播有很好的效果，但系統總是會遇到一些背景級別（background level）的瞬時故障，包括網路故障、資料表鎖死，或部署造成的短暫停機。

遇到這些情況時，我們通常可以重試並優雅地恢復。正如諺語所言「如果你在開始時沒有成功，那就指數級地增加退避（back-off）時間來重試該項操作。」

用 *retry* 來處理（*src/allocation/service_layer/messagebus.py*）

```
from tenacity import Retrying, RetryError, stop_after_attempt, wait_exponential ❶

...

def handle_event(
    event: events.Event,
    queue: List[Message],
    uow: unit_of_work.AbstractUnitOfWork
):

    for handler in EVENT_HANDLERS[type(event)]:
        try:
            for attempt in Retrying(  ❷
                stop=stop_after_attempt(3),
                wait=wait_exponential()
            ):

                with attempt:
                    logger.debug('handling event %s with handler %s', event, handler)
                    handler(event, uow=uow)
                    queue.extend(uow.collect_new_events())
        except RetryError as retry_failure:
            logger.error(
                'Failed to handle event %s times, giving up!,
                retry_failure.last_attempt.attempt_number
            )
            continue
```

❶ Python 程式庫 tenacity 實作了常見的重試模式。

❷ 設置 message bus 來重試操作最多三次，在每一次嘗試之間，指數級地增加等待時間。

重試可能失敗的操作或許是改善軟體韌性的最佳方法。Unit of Work 與 Command Handler 模式意味著每次嘗試都會從一致的狀態開始，不會把事情做一半。

到了一定時刻，無論你多麼堅持，你都得放棄嘗試處理訊息。使用離散的訊息來建立可靠的系統並不容易，我們必須大略地考慮一些棘手的問題。結語有更多參考教材的提示。

結語

在這本書中，我們先介紹事件的概念，再介紹指令的概念，但其他的書籍通常用相反的方式來介紹。為了明確地表示系統可以回應的請求，幫它們取一個名稱，並且讓它們擁有自己的資料結構是很基本的事情。有時你會看到有人使用「*Command Handler* 模式」來描述我們使用 Event、Command 與 Message Bus 做的事情。

表 10-2 是採取這種做法之前，你必須考慮的一些事情。

表 10-2 拆開指令與事件：優缺點

優點	缺點
• 以不同的方式處理指令與事件可以協助我們理解哪些事情必須成功，哪些事情可以稍後處理。 • `CreateBatch` 這個名稱絕對比 `BatchCreated` 易懂。我們明確地說明用戶的意圖，而明確勝於隱晦，不是嗎？	• 指令與事件的語意可能沒有明顯的區別。可以想像，圍繞著這些區別的爭論將會越演越烈。 • 我們明確地迎接失敗，我們知道有時事情會失敗，所以藉著讓失敗的規模更小、更孤立來處理它，這種做法可能讓系統更難以理解，並且需要更好的監控機制。

第 11 章要介紹將事件當成整合模式。

第十一章

事件驅動架構：使用事件來整合微服務

前面的章節並未真正討論**如何**接收「貨批數量改變」事件，或者，如何讓外面知道與「重新配貨」有關的事情。

我們有個具備 web API 的微服務，但可否用其他方式與其他系統溝通？我們如何知道（假設）貨運是否延遲，或數量是否變動？我們如何告訴倉儲系統，有一筆訂單已經配貨，需要送給顧客？

在這一章，我們要展示如何延伸關於「事件」的比喻，加入處理進出系統的訊息的方法。目前的 app 核心是個訊息處理器，我們將延續這種做法，讓它從**外部**看起來也變成一個訊息處理器。如圖 11-1 所示，我們的 app 會用外部的 message bus 從外部來源接收事件（以 Redis pub/sub 查詢為例），並且以事件的形式發布輸出，傳回去那裡。

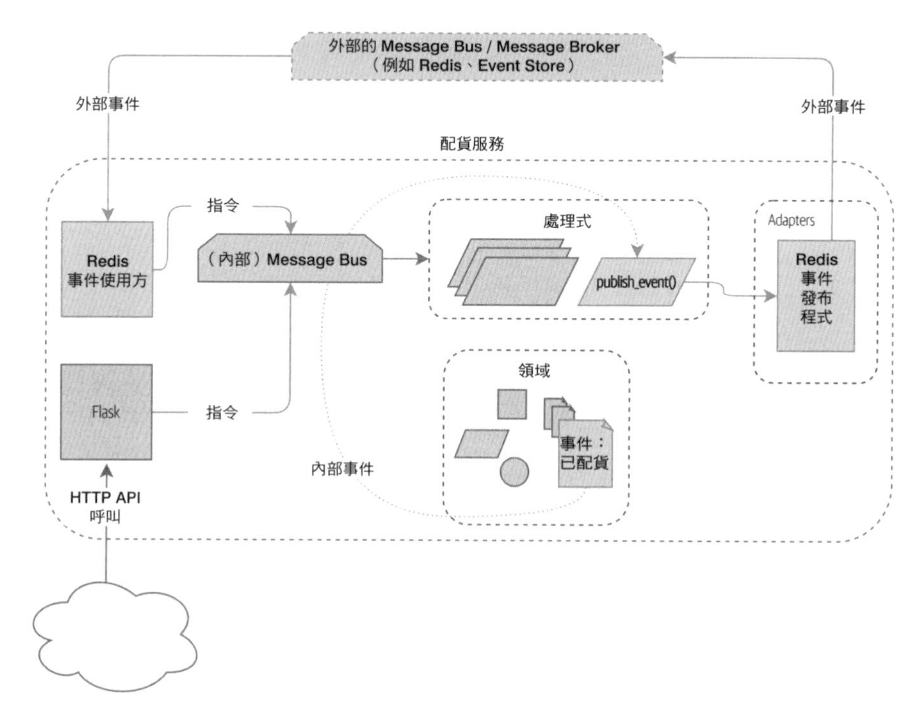

圖 11-1　我們的 app 是個訊息處理器

本章的程式碼位於 GitHub 的 chapter_11_external_events 分支（*https://oreil.ly/UiwRS*）：

```
git clone https://github.com/cosmicpython/code.git
cd code
git checkout chapter_11_external_events
# 或是跟著寫程式，簽出上一章：
git checkout chapter_10_commands
```

分散式大泥球，以及以名詞來思考

在正式說明這種做法之前，我們先來談談其他的方案。我們經常遇到嘗試建構微服務架構的工程師，他們通常是從既有的 app 遷移過來的，他們的第一動作是將系統拆成名詞。

我們在系統中用了哪些名詞？我們有貨批、訂單、產品與顧客，圖 11-2 是以不成熟的做法拆開系統的樣子（注意，我們用名詞來為系統命名，例如使用 *Batches*（貨批）而不是 *Allocation*）。

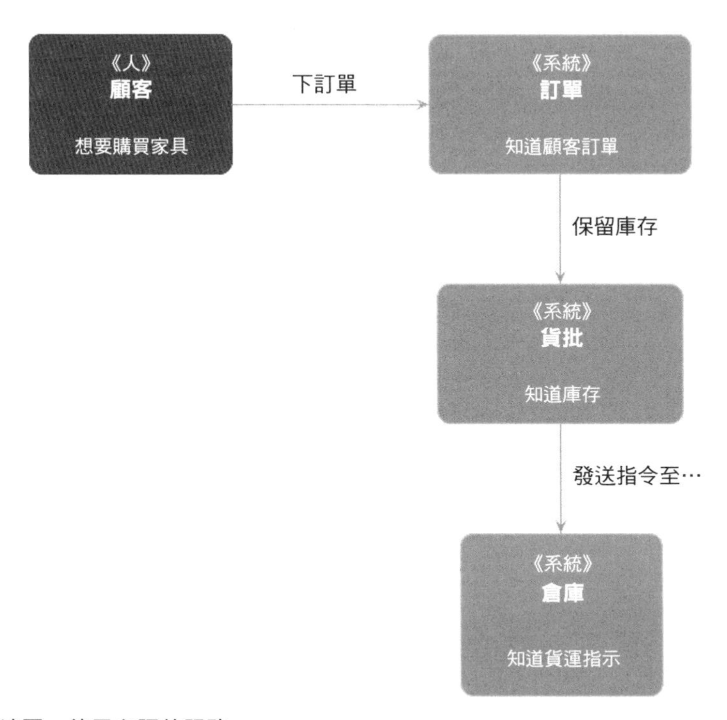

圖 11-2　情境圖，使用名詞的服務

在系統內的每一個「東西」都有一個相關的服務，它公開一個 HTTP API。

我們看一下圖 11-3 的快樂路徑：用戶造訪網站並選擇庫存的產品。當他們在購物籃加入一個商品時，我們就幫他們保留庫存，當訂單完成時，我們確認訂購，向倉庫送出配貨指令。我們還有一條規則：如果這是顧客的第三筆訂單，就要更改顧客的紀錄，將他們標為 VIP。

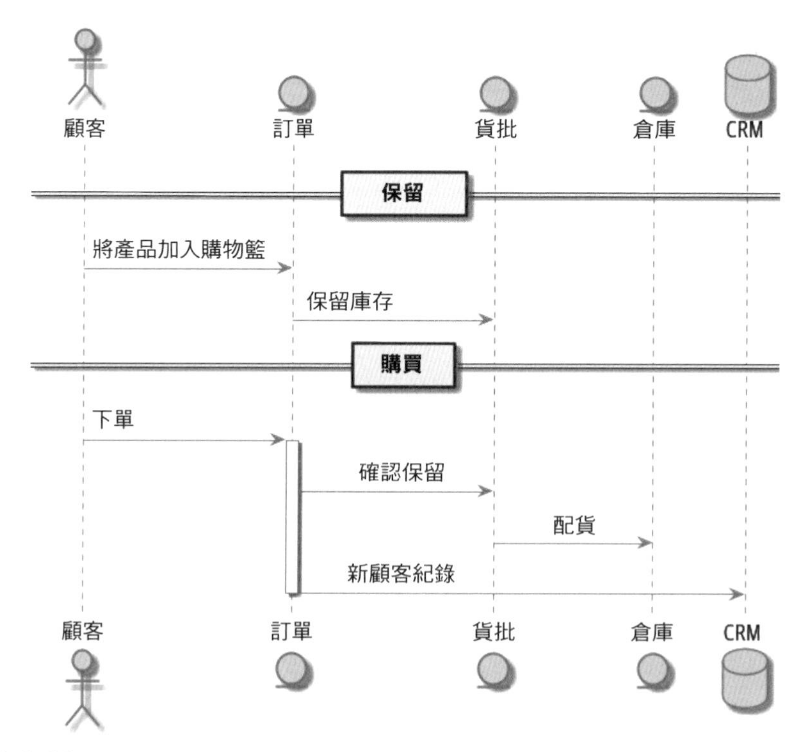

圖 11-3 指令流程 1

我們可以將這裡的每一個步驟想成系統內的指令：ReserveStock、ConfirmReservation、DispatchGoods、MakeCustomerVIP 等等。

想要採用服務導向設計的人經常使用這種架構，也就是為每個資料表建立一個微服務，並將 HTTP API 視為貧血（anemic）模型的 CRUD 介面。

雖然這種做法**適合**非常簡單的系統，但是它很快就會劣化成分散式大泥球。

為了瞭解原因，我們來討論另一個例子。有時當貨物抵達倉庫時，我們發現商品在運送過程中進水了，我們不能販賣進水的沙發，所以必須將它們丟棄，並且要求事業夥伴送來更多庫存。我們也要更新庫存模型，這意味著我們可能必須為顧客訂單重新配貨。

這個邏輯應該放哪裡？

嗯，既然 Warehouse（倉庫）系統知道庫存損壞了，或許這個流程屬於它，如圖 11-4 所示。

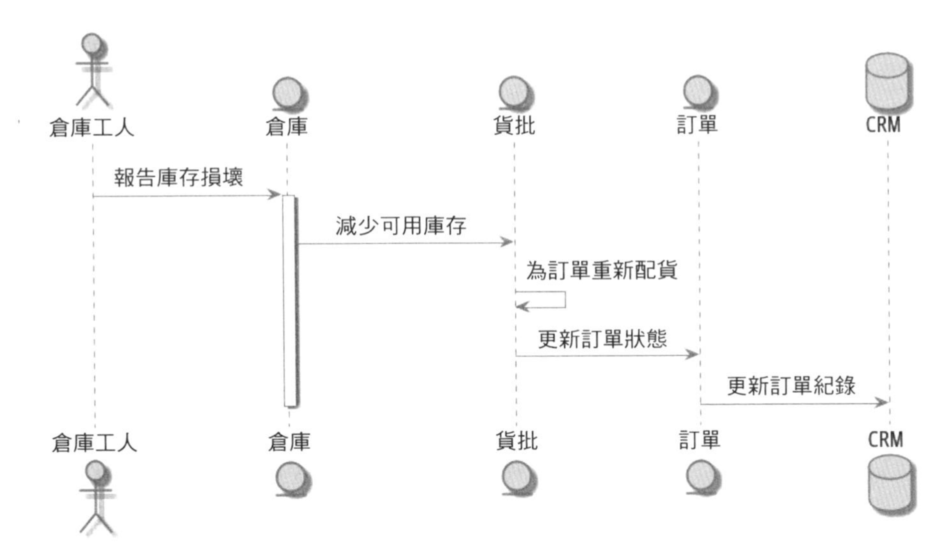

圖 11-4　指令流程 2

這種做法是可行的，但是現在依賴關係圖變得一團糟。在配貨時，Orders 服務驅動 Batches 系統，Batches 驅動 Warehouse，但是在處理倉庫的問題時，Warehouse 系統驅動 Batches，Batches 驅動 Orders。

再乘上我們需要提供的其他工作流程，可想而知，這些服務會快速變得一團亂。

在分散式系統中處理錯誤

「失常」是軟體工程的常態，如果有一個請求失敗了，系統會如何反應？假設網路在我們收到一位用戶訂購三個 `MISBEGOTTEN-RUG` 的訂單之後出錯，如圖 11-5 所示。

此時有兩種選擇：無論如何都收單，並且讓它保持未配貨的狀態，或是拒絕收單，因為無法保證可以配貨。貨批（batches）服務的失敗狀態上浮並影響訂單（order）服務的可靠性。

當兩件事情必須一起改變時，我們就說它們就是**耦合**的。我們可以將這種失敗的串聯視為一種**時間性耦合**：系統的每一個部分都必須在同一時間工作，才能讓系統的任何部分都正常運作。隨著系統越來越大，有些部分劣化的機率會呈指數增長。

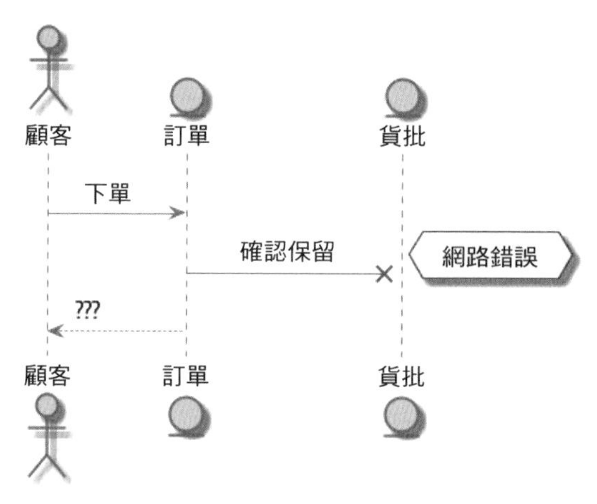

圖 11-5 有錯誤的指令流程

Connascence

雖然我們在此使用**耦合**（*coupling*）這個詞，但系統之間的關係也可以用另一種方式來描述。有些作者使用 *connascence*（**共生性**）來描述不同類型的耦合。

connascence 沒有**不好**，但有些類型的 connascence 比其他的**更強烈**。我們希望局部區域有強烈的 connascence，例如兩個類別有密切的關係，但是遠距離的元件有弱的 connascence。

在第一個分散式大泥球例子中，我們看到 Connascence of Execution（執行面的共生性）：多個元件需要知道正確的工作順序才能讓一項操作成功執行。

當我們在此考慮錯誤條件時，我們談的是 Connascence of Timing（時間面的共生性）：多件事情必須依序發生，才能讓一項操作成功執行。

當我們將 RPC 風格的系統換成事件時，就是將這兩種 connascence 換成**比較弱**的類型，它是 Connascence of Name（名稱面的共生性）：多個元件只需要使用同一個事件名稱及其欄位名稱。

我們絕對無法完全避免耦合，除非軟體不與任何其他軟體溝通，我們想避免的是**不適當**的耦合。connascence 提供一種心智模型來讓我們瞭解各種架構類型固有的耦合強度與類型。connascence.io 有完整的參考資料。

替代方案：使用非同步傳訊來實現時間性解耦

如何做出合適的耦合？我們已經知道部分的答案了——用動詞來思考，而不是名詞。領域模型模擬的是商務流程，不是某件事的靜態資料模型，它是動詞的模型。

所以我們不應該考慮訂單（order）系統或貨批（batche）系統，而是要考慮**下單**（*ordering*）系統與**配貨**（*allocating*）系統，以此類推。

用這種方式來拆解比較容易展示哪個系統應該負責什麼。**下單**（*ordering*）其實意味著我們想要確保在下單時，訂單會被接收，所有事情都可以**之後**再發生，只要它有發生即可。

如果你覺得這項工作很眼熟，本該如此！「將職責分離」與「設計 aggregate 與指令」時的程序是相同的。

如同 aggregate，微服務也應該是**一致性界限**。我們接受兩個服務之間的最終一致性，也就是不需要依靠同步呼叫。每一個服務都會從外界接收指令，並發出事件來記錄結果。其他的服務可以監聽這些事件，來觸發工作流程的下一個步驟。

為了避免 Distributed Ball of Mud 反模式，我們不會時間性耦合 HTTP API 呼叫，而是使用非同步傳訊來整合系統。我們希望 `BatchQuantityChanged` 訊息是作為外部訊息從上游系統進入的，也希望系統發布 `Allocated` 事件讓下游系統監聽。

為什麼這種做法比較好？首先，因為事情可以獨立失敗，所以更容易處理劣化的行為：當配貨系統出問題時，我們仍然可以收單。

其次，我們可以降低系統間的耦合強度。如果需要改變操作的順序，或是在流程中加入新步驟，我們可以局部性地做這件事。

使用 Redis Pub/Sub 通道來整合

我們來看看一切將如何具體運作。我們要設法把事件送出系統，並且送到另一個系統，很像 message bus，不過是為了處理服務。這些基礎設施通常稱為 *message broker*（訊息仲介）。message broker 的職責是從發布方接收訊息，並將它們傳給訂閱方。

在 MADE.com，我們使用 Event Store（*https://eventstore.org*），但是使用 Kafka 或 RabbitMQ 也可以。有一種基於 Redis pub/sub 通道的輕量級解決方案（*https://redis.io/topics/pubsub*）也有很好的效果，因為大部分的人比較熟悉 Redis，所以我們在這本書中使用它。

我們省略與「選擇正確的傳訊平台」有關的複雜性，諸如訊息排序、失敗處理，以及冪等（idempotency）之類的問題都是必須考慮的。第 234 頁的「Footguns」有一些提示。

圖 11-6 是新的流程：Redis 提供 `BatchQuantityChanged` 事件來啟動整個流程，流程結束時，會發布 `Allocated` 事件，送回 Redis。

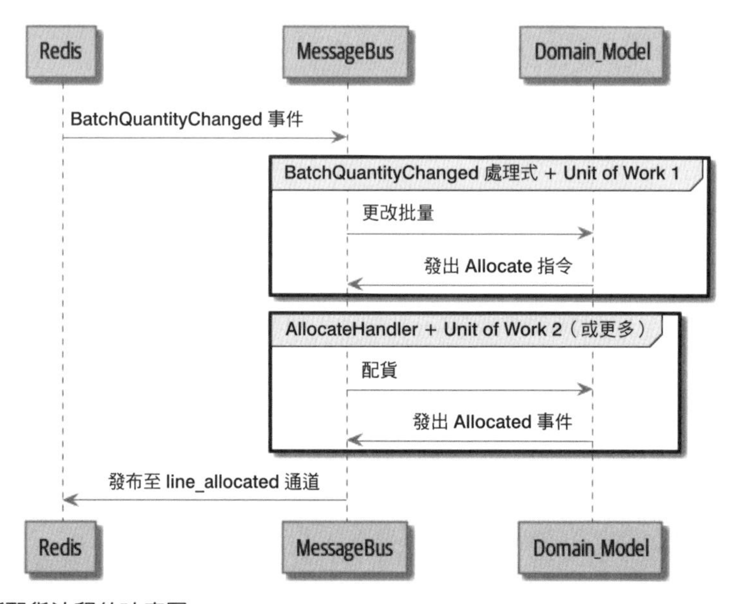

圖 11-6　重新配貨流程的時序圖

使用端對端測試來測試所有東西

以下是端點端測試的寫法，我們可以使用既有的 API 來建立貨批以及送往外界的訊息：

pub/sub 模型的端對端測試（*tests/e2e/test_external_events.py*）

```
def test_change_batch_quantity_leading_to_reallocation():
    # 先用兩個貨批，以及一個被分配給其中一個貨批的訂單 ❶
    orderid, sku = random_orderid(), random_sku()
    earlier_batch, later_batch = random_batchref('old'), random_batchref('newer')
    api_client.post_to_add_batch(earlier_batch, sku, qty=10, eta='2011-01-02') ❷
    api_client.post_to_add_batch(later_batch, sku, qty=10, eta='2011-01-02')
    response = api_client.post_to_allocate(orderid, sku, 10) ❷
    assert response.json()['batchref'] == earlier_batch

    subscription = redis_client.subscribe_to('line_allocated') ❸

    # 改變已配貨的貨批的數量，讓它少於訂單 ❶
    redis_client.publish_message('change_batch_quantity', { ❸
        'batchref': earlier_batch, 'qty': 5
    })

    # 等待，直到看到訊息指出訂單已經被重新配貨 ❶
    messages = []
    for attempt in Retrying(stop=stop_after_delay(3), reraise=True): ❹
        with attempt:
            message = subscription.get_message(timeout=1)
            if message:
                messages.append(message)
                print(messages)
            data = json.loads(messages[-1]['data'])
            assert data['orderid'] == orderid
            assert data['batchref'] == later_batch
```

❶ 從註解可以知道這項測試裡面發生的事情：我們想要送一個事件給系統，為一個訂單行重新配貨，並且看到那個重新配貨（reallocation）在 Redis 內也作為一個事件被送出。

❷ `api_client` 是我們重構的輔助函式，可在兩種測試類型之間共用，它包著對於 `requests.post` 的呼叫。

❸ `redis_client` 是另一個測試輔助函式，它的細節不太重要，它的工作是傳送訊息，還有從各種 Redis 通道接收訊息。我們將使用 `change_batch_quantity` 這個通道傳送請求來改變一個貨批的數量，並且監聽另一個通道 `line_allocated` 來查看預期的重新配貨。

❹ 因為受測系統的非同步性質，我們再次使用 `tenacity` 程式庫來加入 retry 迴圈，原因除了它可能會花一些時間等待 `line_allocated` 訊息到達之外，也因為它不是該通道的唯一訊息。

圍繞著 message bus 的薄 adapter 不是只有 Redis

我們的 Redis pub/sub 監聽器（我們稱之為**事件使用方**（*event consumer*））很像 Flask：它會將外界事件轉換成我們的事件：

簡單的 *Redis* 訊息監聽器（*src/allocation/entrypoints/redis_eventconsumer.py*）

```
r = redis.Redis(**config.get_redis_host_and_port())


def main():
    orm.start_mappers()
    pubsub = r.pubsub(ignore_subscribe_messages=True)
    pubsub.subscribe('change_batch_quantity')  ❶

    for m in pubsub.listen():
        handle_change_batch_quantity(m)


def handle_change_batch_quantity(m):
    logging.debug('handling %s', m)
    data = json.loads(m['data'])  ❷
    cmd = commands.ChangeBatchQuantity(ref=data['batchref'], qty=data['qty'])  ❷
    messagebus.handle(cmd, uow=unit_of_work.SqlAlchemyUnitOfWork())
```

❶ `main()` 幫我們訂閱 `change_batch_quantity` 通道。

❷ 在系統的入口，我們的主要工作是反序列化 JSON，將它變成 `Command`，並將它傳給服務層——很像 Flask adapter 做的事情。

我們也建立一個新的下游 adapter 來做相反的工作——將領域事件轉換成公用事件：

簡單的 *Redis* 訊息發布器（*src/allocation/adapters/redis_eventpublisher.py*）

```
r = redis.Redis(**config.get_redis_host_and_port())


def publish(channel, event: events.Event):  ❶
    logging.debug('publishing: channel=%s, event=%s', channel, event)
    r.publish(channel, json.dumps(asdict(event)))
```

❶ 我們在此接收寫死的通道（channel），但你也可以儲存一個 mapping，在類別 / 名稱與合適的通道之間對映，將一或多個訊息類型送往不同的通道。

新的往外事件

這是 Allocated 事件的樣子：

新事件（*src/allocation/domain/events.py*）

```
@dataclass
class Allocated(Event):
    orderid: str
    sku: str
    qty: int
    batchref: str
```

它描述了我們需要知道的所有配貨相關事項：訂單行的細節，以及它被分配給哪個貨批。

我們將它加入模型的 allocate() 方法（當然要先加入測試）：

Product.allocate() 發出新事件來記錄發生了什麼事（*src/allocation/domain/model.py*）

```
class Product:
    ...
    def allocate(self, line: OrderLine) -> str:
        ...

            batch.allocate(line)
            self.version_number += 1
            self.events.append(events.Allocated(
                orderid=line.orderid, sku=line.sku, qty=line.qty,
                batchref=batch.reference,
            ))
            return batch.reference
```

我們已經有 ChangeBatchQuantity 的處理式了，所以只要加入往外發布事件的處理式即可：

message bus 成長了（*rc/allocation/service_layer/messagebus.py*）

```
HANDLERS = {
    events.Allocated: [handlers.publish_allocated_event],
    events.OutOfStock: [handlers.send_out_of_stock_notification],
}  # 型態：Dict[Type[events.Event], List[Callable]]
```

使用 Redis 包裝（wrapper）提供的輔助函式來發布事件：

發布至 Redis（*src/allocation/service_layer/handlers.py*）

```
def publish_allocated_event(
        event: events.Allocated, uow: unit_of_work.AbstractUnitOfWork,
):
    redis_eventpublisher.publish('line_allocated', event)
```

內部 vs. 外部事件

釐清內部與外部事件是件好事。有些事件可能來自外界，有些事件可能在外界被升級與發布，但並非全部事件都是如此。如果你需要進行事件溯源（event sourcing），這件事特別重要（*https://oreil.ly/FXVil*）（不過，這是需要用另一本書探討的主題）。

往外送的事件也是執行驗證的重要地方。附錄 E 有一些驗證原理與範例。

給讀者的習題

對本章來說，這是一個非常簡單的習題：讓主 `allocate()` 用例也可以被 Redis 通道的事件呼叫，以及（或改成）透過 API 呼叫。

或許你要加入新的 E2E 測試，並將一些變更送至 `redis_eventconsumer.py`。

結語

事件可能來自外界，但它們也可能是在外界發布的——我們的 `publish` 處理式會在 Redis 通道將事件轉換成訊息。我們使用事件來與外界溝通，這種時間性解耦提供許多 app 整合方面的彈性，但一如往常，這是有代價的。

> 事件通知的好處在於它代表低耦合，也很容易設置。但是如果有一個邏輯流程在各個事件通知之間運行，它也可能出問題…這種流程將很難被發現，因為任何程式文字都無法突顯它…因此難以除錯與修改。
>
> —Martin Fowler,「What do you mean by “Event-Driven”」（*https://oreil.ly/uaPNt*）

表 11-1 是需要考慮的優缺點。

表 11-1　以事件整合微服務：優缺點

優點	缺點
• 避免分散式大泥球。 • 各個服務是解耦的，所以更容易修改個別的服務以及加入新服務。	• 整體的資訊流更難觀察。 • 需要處理「最終一致性」這種新概念。 • 必須考慮訊息可靠性，以及「至少一次 vs. 最多一次」交付之間的選擇。

更廣泛地說，如果你要將同步傳訊模型改成非同步傳訊模型，你就會面臨一堆關於訊息可靠性與最終一致性的問題。請繼續閱讀第 234 頁的「Footguns」。

第十二章

指令查詢責任隔離（CQRS）

在這一章，我們要從一個毫無爭議的觀點談起：讀（查詢）與寫（指令）是不一樣的，因此必須分別對待（或將它們的職責分開，如果你願意這樣做）。接下來，我們要盡量延伸這個觀點。

如果你像 Harry 一樣，最初可能會覺得這很激進，但希望我們可以證明這不是**完全**不合理的。

圖 12-1 是可能的結果。

本章的程式碼位於 GitHub 的 chapter_12_cqrs 分支（*https://oreil.ly/YbWGT*）：

```
git clone https://github.com/cosmicpython/code.git
cd code
git checkout chapter_12_cqrs
# 或是跟著寫程式，簽出上一章：
git checkout chapter_11_external_events
```

首先，為什麼要這麼麻煩？

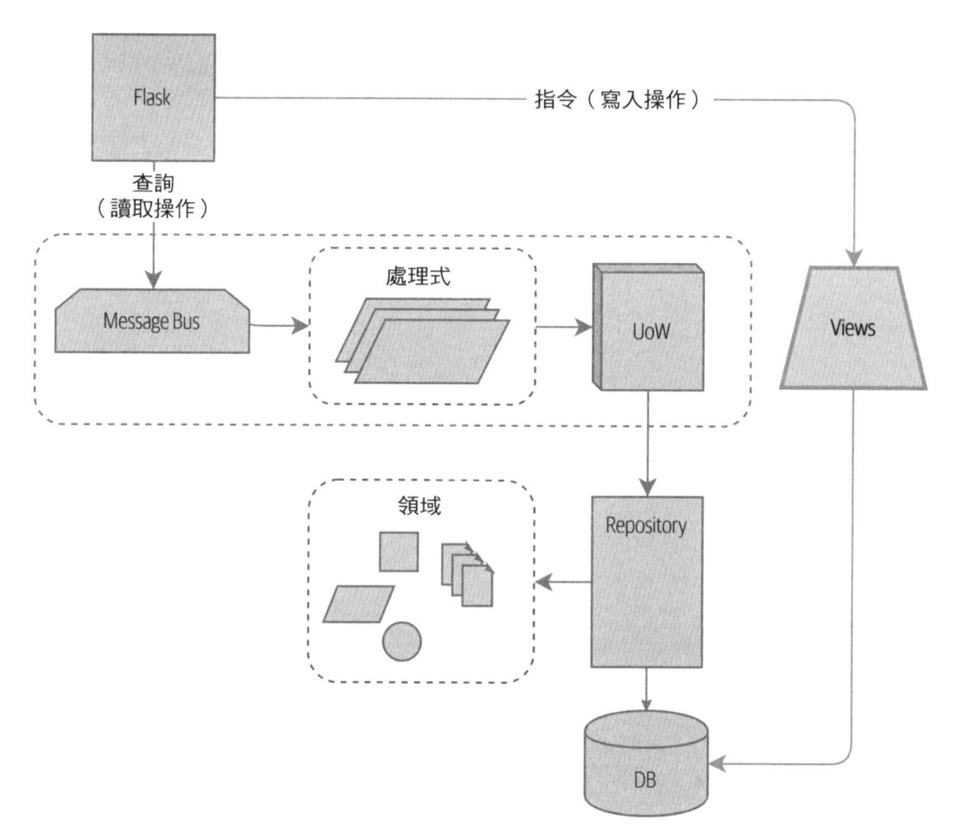

圖 12-1　將讀與寫分開

領域模型是用來寫入的

我們在這本書花了很多時間討論如何建立實施領域規則的軟體。這些規則或限制在每一個 app 都不一樣，它們構成系統的核心。

在這本書，我們已經設定明確的限制，例如「不能分配超出庫存的貨物」，以及隱性的限制，例如「每一個訂單行都要分配給單一貨批」。

我們在本書的開頭將這些規則寫成單元測試：

我們的基本領域測試（*tests/unit/test_batches.py*）

```
def test_allocating_to_a_batch_reduces_the_available_quantity():
    batch = Batch("batch-001", "SMALL-TABLE", qty=20, eta=date.today())
    line = OrderLine('order-ref', "SMALL-TABLE", 2)

    batch.allocate(line)

    assert batch.available_quantity == 18

...

def test_cannot_allocate_if_available_smaller_than_required():
    small_batch, large_line = make_batch_and_line("ELEGANT-LAMP", 2, 20)
    assert small_batch.can_allocate(large_line) is False
```

為了正確地應用這些規則，我們必須確保操作都是一貫的，所以我們加入 *Unit of Work* 與 *Aggregate* 等模式來協助完成一小部分的工作。

為了在這些部分之間溝通變動，我們使用 Domain Events 模式，以便編寫「若庫存損壞或遺失，則調整貨批的數量，並在必要時為訂單重新配貨」之類的規則。

因為有這些複雜性的存在，所以我們可以在改變系統的狀態時實施規則。我們已經建構靈活的工具組來寫入資料了。

那麼，讀取呢？

大部分的用戶都不會買你的家具

在 MADE.com，我們有一個很像配貨服務的系統。在忙碌的日子，我們可能要在一小時之內處理一百筆訂單，所以有一個龐大的系統來為這些訂單配貨。

但是，在同一個忙碌的日子中，每**秒**可能有一百次產品瀏覽。每當有人造訪產品網頁或產品清單網頁時，我們就要確認產品還有沒有庫存，以及需要多久才能交貨。

我們的**領域**是一樣的，我們都關注庫存的貨批、它們的到貨日期、以及庫存數量，但訪問（access）模式非常不同。例如，顧客無法得知查詢（query）是否已經過期幾秒鐘了，如果配貨服務不一致，我們可能會胡亂處理他們的訂單。我們可以利用這種差異，藉著讓「讀取」有**最終一致性**，來讓它們執行得更好。

讀取一致性真的可以實現嗎？

很多開發者對於「用性能來換取一致性」很敏感，所以我們簡單討論一下。

假如當 Bob 訪問 `ASYMMETRICAL-DRESSER` 的網頁時，「取得可用庫存」的查詢已經過期 30 秒了，與此同時，Harry 已經買下最後一個商品了，當我們試著幫 Bob 的訂單配貨時，我們得到失敗訊息，所以必須取消他的訂單，或是購買更多庫存，並將他的交貨時間往後延。

只使用過關聯式資料庫的人對這種問題會覺得很緊張，但是我們可以考慮兩種不一樣的情況來得到一些觀點。

首先，假設 Bob 與 Harry **同時**造訪網頁，Harry 去泡一杯咖啡，當他回來時，Bob 已經買了最後一個梳妝台。當 Harry 下單時，我們將訂單送給配貨服務，因為庫存不夠，我們必須退還他的付款，或是購買更多庫存並延遲交貨。

當我們顯示產品網頁時，資料已經過時了，這個觀點是瞭解為何讀取可以安全地不一致的關鍵：每次配貨時，我們都會檢查系統的當前狀態，因為分散式系統都會有不一致的情況，一旦你有一台 web 伺服器與兩位顧客，資料就有可能過時。

OK，假設我們設法解決這個問題了，我們神奇地建構一個完全一致的 web app，任何人都絕對不會看到過時的資料。這一次 Harry 先進入網頁並購買他的梳妝台。

對他而言，不幸的是，當倉庫人員試著分配他的家具時，梳妝台從堆高機掉下來，摔成碎片。怎麼辦？

我們只能打給 Harry 並退還他的訂單，或是購買更多庫存並延遲交貨。

無論怎麼做，軟體系統與現實情況終究會不一致，所以一定要用商務流程來處理這些邊緣情況。在讀取端，用性能來換取一致性是可以的，因為過時的資料基本上是不可避免的。

我們可以將這些需求視為系統的兩半：讀取端與寫入端，如表 12-1 所示。

對寫入端而言，領域架構模式可協助我們隨著時間的過去演進系統，但我們到目前為止建構的複雜性並沒有幫資料的讀取帶來任何好處。服務層、unit of work 與聰明的領域模型都只是多餘的。

表 12-1　讀 vs. 寫

	讀取端	寫入端
行為	簡單的讀取	複雜的商務邏輯
可否快取	高度可快取	不可快取
一致性	可能過時	必須在交易上一致

Post/Redirect/Get 與 CQS

如果你正在進行 web 開發，你應該很熟悉 Post/Redirect/Get 模式。在這項技術中，web 端點會接收 HTTP POST 並回應一個用來察看結果的轉址（redirect）。例如，我們可能接收一個目標為 */batches* 的 POST 來建立新貨批，並將用戶轉址至 */batches/123* 來察看他們新建立的貨批。

這種做法可以修正當用戶刷新瀏覽器中的結果網頁或將結果網頁加入書籤時出問題。在刷新的情況下，它可能會讓用戶重複送出資料，因此買到兩張沙發，但其實他只要一張。在加書籤的情況下，當不幸的顧客試著 GET 一個 POST 端點時，他們會得到一個壞掉的網頁。

這些問題之所以發生，都是因為我們回傳資料來回應寫入操作。Post/Redirect/Get 藉著將操作的讀取與寫入階段分開來迴避這個問題。

這個技術是一種指令查詢分離（CQS）的例子。在 CQS 中，我們遵守一條簡單的規則：函式要嘛只能修改狀態，要嘛只能回答問題，不能同時做兩件事。這種做法可讓軟體更容易被理解：當我們詢問「電燈有沒有打開？」時，永遠都不會按下電燈開關。

在建立 API 時，我們可以藉著回傳 201 Created 或 202 Accepted，以及一個內含新資源的 URI 的 Location 標頭來採用同一種設計技術。重點不是我們所使用的狀態碼，而是將工作劃分成寫入與查詢階段的邏輯。

你將看到，我們可以使用 CQS 原則來讓系統更快且更容易擴展，但是在那之前，我們要修正既有程式違反 CQS 的問題。以前，我們加入一個 `allocate` 端點來接收訂單並呼叫服務層來分配一些庫存。在這個呼叫結束時，我們回傳 200 OK 與貨批 ID。我們必須用醜陋的設計缺陷來取得所需的資料。我們來修改它，回傳一個簡單的 OK 訊息，並且提供新的唯讀端點來取出配貨狀態：

API 測試，在 POST 之後 GET（tests/e2e/test_api.py）

```
@pytest.mark.usefixtures('postgres_db')
@pytest.mark.usefixtures('restart_api')
def test_happy_path_returns_202_and_batch_is_allocated():
    orderid = random_orderid()
    sku, othersku = random_sku(), random_sku('other')
    earlybatch = random_batchref(1)
    laterbatch = random_batchref(2)
    otherbatch = random_batchref(3)
    api_client.post_to_add_batch(laterbatch, sku, 100, '2011-01-02')
    api_client.post_to_add_batch(earlybatch, sku, 100, '2011-01-01')
    api_client.post_to_add_batch(otherbatch, othersku, 100, None)

    r = api_client.post_to_allocate(orderid, sku, qty=3)
    assert r.status_code == 202

    r = api_client.get_allocation(orderid)
    assert r.ok
    assert r.json() == [
        {'sku': sku, 'batchref': earlybatch},
    ]


@pytest.mark.usefixtures('postgres_db')
@pytest.mark.usefixtures('restart_api')
def test_unhappy_path_returns_400_and_error_message():
    unknown_sku, orderid = random_sku(), random_orderid()
    r = api_client.post_to_allocate(
        orderid, unknown_sku, qty=20, expect_success=False,
    )
    assert r.status_code == 400
    assert r.json()['message'] == f'Invalid sku {unknown_sku}'

    r = api_client.get_allocation(orderid)
    assert r.status_code == 404
```

OK，Flask app 會是如何？

察看配貨的端點（*src/allocation/entrypoints/flask_app.py*）

```
from allocation import views
...

@app.route("/allocations/<orderid>", methods=['GET'])
def allocations_view_endpoint(orderid):
    uow = unit_of_work.SqlAlchemyUnitOfWork()
    result = views.allocations(orderid, uow)  ❶
    if not result:
        return 'not found', 404
    return jsonify(result), 200
```

❶ 好了，一個 *views.py*，很公平，我們可以將只做讀取的東西放在裡面，它將是個真正的 *views.py*，與 Django 的不同，它知道如何為資料建立唯讀的 view…

伙計們，請耐心等待午餐

嗯，所以我們可以只在既有的 repository 物件加入一個 list 方法：

view 執行…原始的 *SQL* ？（*src/allocation/views.py*）

```
from allocation.service_layer import unit_of_work

def allocations(orderid: str, uow: unit_of_work.SqlAlchemyUnitOfWork):
    with uow:
        results = list(uow.session.execute(
            'SELECT ol.sku, b.reference'
            ' FROM allocations AS a'
            ' JOIN batches AS b ON a.batch_id = b.id'
            ' JOIN order_lines AS ol ON a.orderline_id = ol.id'
            ' WHERE ol.orderid = :orderid',
            dict(orderid=orderid)
        ))
    return [{'sku': sku, 'batchref': batchref} for sku, batchref in results]
```

不好意思？原始 SQL？

如果你像 Harry 一樣第一次遇到這種模式，你應該很納悶 Bob 到底在做什麼。親手製作自己的 SQL，並且將資料庫的資料列轉換成字典？在我們努力建構一個很棒的領域模型之後？那 Repository 模式呢？它不是資料庫外圍的抽象嗎？為什麼不重複使用它？

好吧，我們先來探索乍看之下比較簡單的方案，看看它在實務上是什麼樣子。

我們仍然在單獨的 *views.py* 模組裡面保留 view，在 app 裡面明確地區分讀與寫仍然是件好事。我們採用指令 / 查詢分離，所以很容易看到哪段程式修改狀態（事件處理式），哪段程式只是取回唯讀狀態（view）。

將唯讀 view 從狀態修改指令與事件處理式中分離出來應該是件好事，即使你不想要使用成熟的 CQRS。

測試 CQRS view

在探索各種選項之前，我們先來討論測試。無論你決定採取哪一種做法，你至少都需要一個整合測試。例如：

針對 *view* 的整合測試（*tests/integration/test_views.py*）

```
def test_allocations_view(sqlite_session_factory):
    uow = unit_of_work.SqlAlchemyUnitOfWork(sqlite_session_factory)
    messagebus.handle(commands.CreateBatch('sku1batch', 'sku1', 50, None), uow)  ❶
    messagebus.handle(commands.CreateBatch('sku2batch', 'sku2', 50, today), uow)
    messagebus.handle(commands.Allocate('order1', 'sku1', 20), uow)
    messagebus.handle(commands.Allocate('order1', 'sku2', 20), uow)
    # 加入一個偽造的貨批與訂單，來確保我們取得正確的
    messagebus.handle(commands.CreateBatch('sku1batch-later', 'sku1', 50, today), uow)
    messagebus.handle(commands.Allocate('otherorder', 'sku1', 30), uow)
    messagebus.handle(commands.Allocate('otherorder', 'sku2', 10), uow)

    assert views.allocations('order1', uow) == [
        {'sku': 'sku1', 'batchref': 'sku1batch'},
        {'sku': 'sku2', 'batchref': 'sku2batch'},
    ]
```

❶ 我們使用 app 的公用入口，message bus，來為整合測試進行設定。它可讓測試程式與「如何進行儲存的實作 / 基礎細節」脫鉤。

「顯而易見」的替代方案 1：使用既有的 Repository

將輔助方法加入 products repository 如何？

使用 *repository* 的簡單 *view*（*src/allocation/views.py*）

```
from allocation import unit_of_work

def allocations(orderid: str, uow: unit_of_work.AbstractUnitOfWork):
    with uow:
        products = uow.products.for_order(orderid=orderid)  ❶
        batches = [b for p in products for b in p.batches]  ❷
        return [
            {'sku': b.sku, 'batchref': b.reference}
            for b in batches
            if orderid in b.orderids  ❸
        ]
```

❶ repository 回傳 Product 物件，我們需要找到特定訂單中的 SKU 的所有產品，所以在 repository 建立一個新的輔助方法，稱為 .for_order()。

❷ 現在有產品了，但是我們其實想要貨批參考，所以用串列生成式（list comprehension）來取得所有可能的貨批。

❸ 我們**再次**進行過濾，只取得特定訂單的貨批。做這件事的前提是 Batch 物件必須能夠告知它為哪個訂單 ID 配貨。

我使用 .orderid property 來實作最後一項：

在模型中可謂沒必要的 *property*（*src/allocation/domain/model.py*）

```
class Batch:
    ...

    @property
    def orderids(self):
        return {l.orderid for l in self._allocations}
```

你可以開始發現，重複使用既有的 repository 與領域模型類別並不像想像中那麼簡單。我們為兩者加入新的輔助方法，並且用 Python 做了許多迴圈與過濾動作，這是可用資料庫更高效地完成的工作。

是的，從好的方面來說，我們是在重複使用既有的抽象，但從不好的方面來看，這一切都很彆扭。

你的領域模型沒有針對讀取操作進行優化

我們在此看到的是使用「主要為了執行寫入操作而設計的領域模型」的效果，但是讀取需求在概念上通常大不相同。

這是架構師摸著下巴為 CQRS 辯護的說詞。之前說過，領域模型不是資料模型，我們想要描述的是商業活動的運作方式，例如工作流程、與狀態的變更有關的規則、訊息交換，這些事情與系統如何回應外部事件以及用戶輸入有關，**大都與唯讀操作完全無關**。

使用 CQRS 的理由與使用 Domain Model 模式的理由有關。如果你要建構簡單的 CRUD app，讀與寫將密切相關，所以你不需要領域模型或 CQRS。但是領域越複雜，你就越有可能需要兩者。

簡單地說，你的領域類別將有多個修改狀態的方法，而且你不需要用任何一個來進行唯讀操作。

隨著領域模型越複雜，你會發現自己做出越多關於如何架構模型的選擇，讓它變得越來越難以用來進行讀操作。

「顯然易見」的替代方案 2：使用 ORM

你可能會想，OK，既然 repository 很彆扭，而且 Products 很笨重，我至少可以使用 ORM 和 Batches。這就是它的用途！

簡單的 *view*，使用 *ORM*（*src/allocation/views.py*）

```
from allocation import unit_of_work, model

def allocations(orderid: str, uow: unit_of_work.AbstractUnitOfWork):
    with uow:
        batches = uow.session.query(model.Batch).join(
            model.OrderLine, model.Batch._allocations
        ).filter(
            model.OrderLine.orderid == orderid
        )
        return [
            {'sku': b.sku, 'batchref': b.batchref}
            for b in batches
        ]
```

但是，它**真的**比第 185 頁的「伙計們，請耐心等待午餐」的範例程式中的原始 SQL 版本更容易編寫或理解嗎？雖然它看起來還不賴，但我們可以告訴你，我們為它做了好幾次嘗試，並且大量研究 SQLAlchemy 文件。SQL 就是 SQL。

但是 ORM 也會讓我們面臨性能問題。

SELECT N+1 與其他性能問題

所謂的 `SELECT N+1`（*https://oreil.ly/OkBOS*）問題是使用 ORM 時常見的性能問題：當你取回一串物件時，ORM 通常會執行初始查詢來取得（舉例）它需要的所有物件的 ID，接著為各個物件發出個別的查詢來取回它們的屬性。如果你的物件有任何外鍵關係，這種事情更有機會發生。

平心而論，我們應該說 SQLAlchemy 相當擅長避免 `SELECT N+1` 問題。之前的範例並未展示這一點，當你處理互相連接的物件時，你可以明確地請求急切載入（*https://oreil.ly/XKDDm*）來避免它。

除了 `SELECT N+1` 之外，你可能還有其他的原因，想要將「保存狀態變更的方式」與「取回目前狀態的方式」解耦。使用一組完全正規化（normalize）的關聯表可以確保寫入操作永遠不會造成資料損壞。但使用大量聯結（join）來取回資料可能很緩慢。在這種情況下，我們通常會加入一些反正規化的 view，建立讀取複本（replica），甚至加入快取層。

是時候盡情跳鯊魚了[譯註]

我們是否已經說服你「純 SQL 版本不像當初看起來那麼奇怪」了？或許我們誇大了效果？等著瞧。

無論合理與否，寫死的 SQL 查詢都很難看，對吧？我們把它變好看一些如何…

[譯註] jump the shark 是指一齣連續劇開始走下坡了，或是玩不出新花樣了，於是搬出跳鯊魚這種奇怪的情節試圖挽回收視率。

好看很多的查詢（*src/allocation/views.py*）

```
def allocations(orderid: str, uow: unit_of_work.SqlAlchemyUnitOfWork):
    with uow:
        results = list(uow.session.execute(
            'SELECT sku, batchref FROM allocations_view WHERE orderid = :orderid',
            dict(orderid=orderid)
        ))
        ...
```

…藉著為 *view* 模型保留一個完全獨立的、反正規化的資料儲存體？

嘿嘿嘿，沒有外鍵，只有字串，*YOLO*（*src/allocation/adapters/orm.py*）

```
allocations_view = Table(
    'allocations_view', metadata,
    Column('orderid', String(255)),
    Column('sku', String(255)),
    Column('batchref', String(255)),
)
```

好啦，比較好看的 SQL query 不能當成理由，但是遇到使用索引無法解決的事情時，建構反正規化並且為「read」進行優化的資料複本也不罕見。

即使使用經過微調的索引，關聯式資料庫也會使用大量的 CPU 來執行聯結（join）。最快速的查詢一定是 `SELECT * from mytable WHERE key = :value`。

但是這種做法帶來的不僅僅是速度，也帶來擴增效益。當我們將資料寫入關聯式資料庫時，我們必須確保想要修改的資料列已被鎖定，這樣才不會遇到一致性問題。

如果有多個使用方同時更改資料，我們就會遇到奇怪的競爭條件。但是，當我們**讀取**資料時，並行執行的使用方數量就沒有限制。因此，唯讀儲存體可以橫向外擴。

因為 read 複本可能不一致，所以我們可以擁有的數量是沒有限制的。如果你不知道如何使用複雜的資料儲存機制來擴展系統，看看能否建立比較簡單的 read 模型。

讓 read 模型維持最新狀態是一項挑戰！大家經常用資料庫 view（無論是否實質化（materialized））與觸發器來解決這個問題，但它會限制你使用資料庫。我們將展示如何重複使用事件驅動架構。

使用事件處理式來更新 read 模型表

我們在 Allocated 事件加入第二個 handler：

Allocated 事件得到新的 handler（src/allocation/service_layer/messagebus.py）

```
EVENT_HANDLERS = {
    events.Allocated: [
        handlers.publish_allocated_event,
        handlers.add_allocation_to_read_model
    ],
```

這是我們的 update-view-model 程式的樣子：

在 allocation 更新（src/allocation/service_layer/handlers.py）

```
def add_allocation_to_read_model(
        event: events.Allocated, uow: unit_of_work.SqlAlchemyUnitOfWork,
):
    with uow:
        uow.session.execute(
            'INSERT INTO allocations_view (orderid, sku, batchref)'
            ' VALUES (:orderid, :sku, :batchref)',
            dict(orderid=event.orderid, sku=event.sku, batchref=event.batchref)
        )
        uow.commit()
```

信不信由你，這非常有用！而且它可以使用與其他選項一樣的整合測試。

OK，你也需要處理 Deallocated：

監聽 read 模型更新的第二個監聽者

```
events.Deallocated: [
    handlers.remove_allocation_from_read_model,
    handlers.reallocate
],

...

def remove_allocation_from_read_model(
        event: events.Deallocated, uow: unit_of_work.SqlAlchemyUnitOfWork,
):
    with uow:
        uow.session.execute(
```

```
            'DELETE FROM allocations_view '
            ' WHERE orderid = :orderid AND sku = :sku',
```

圖 12-2 是跨越兩個請求的流程。

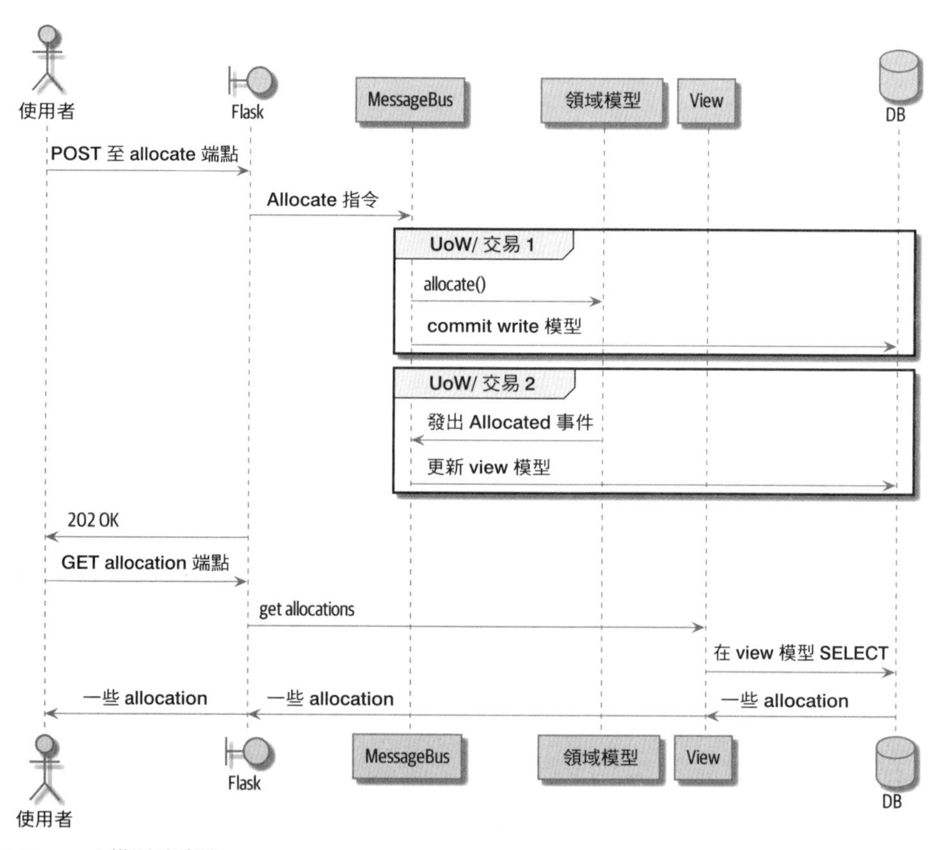

圖 12-2　read 模型時序圖

在圖 12-2 中，你可以看到在 POST/write 操作裡面有兩個交易，一個是更新 write 模型，一個是更新 read 模型，它可以使用 GET/read 操作。

從頭開始重建

「它故障時會怎樣？」應該是身為工程師的我們會問的第一個問題。

我們該如何處理因為有 bug 或暫時性中斷而沒有更新的 view 模型？嗯，這只是事件與指令可能獨立失敗的另一個案例。

如果我們*從來沒有*更新 view 模型，而且 `ASYMMETRICAL-DRESSER` 永遠都在倉庫裡，雖然顧客會不開心，但 `allocate` 服務仍然會失敗，而且我們會採取行動修正這個問題。

不過，重建 view 模型很簡單。因為我們使用服務層來更新 view 模型，我們可以寫一個工具來做這些事情：

- 查詢寫入端目前的狀態，來瞭解什麼已經被分配了
- 為各個已分配的商品呼叫 `add_allocate_to_read_model` 處理式

我們可以用這個技術和歷史資料來建立全新的 read 模型。

修改 read 模型實作很簡單

我們來看一下，如果我們決定使用完全獨立的儲存引擎 Redis 來實作 read 模型時會怎樣，藉此瞭解事件驅動模型帶來的彈性。

看著吧：

處理式更新 Redis read 模型（src/allocation/service_layer/handlers.py）

```
def add_allocation_to_read_model(event: events.Allocated, _):
    redis_eventpublisher.update_readmodel(event.orderid, event.sku, event.batchref)

def remove_allocation_from_read_model(event: events.Deallocated, _):
    redis_eventpublisher.update_readmodel(event.orderid, event.sku, None)
```

在 Redis 模組裡面的輔助函式只有一行：

Redis read 模型讀取與更新（*src/allocation/adapters/redis_eventpublisher.py*）

```
def update_readmodel(orderid, sku, batchref):
    r.hset(orderid, sku, batchref)


def get_readmodel(orderid):
    return r.hgetall(orderid)
```

（也許 *redis_eventpublisher.py* 這個名稱用錯了，但你知道我的意思。）

而且 view 本身只要稍作修改就可以配合它的新後端了：

View adapted to Redis（*src/allocation/views.py*）

```
def allocations(orderid):
    batches = redis_eventpublisher.get_readmodel(orderid)
    return [
        {'batchref': b.decode(), 'sku': s.decode()}
        for s, b in batches.items()
    ]
```

我們之前使用的**同一組**整合測試仍然可以通過，因為它們是在抽象層（與實作解耦）上面撰寫的：設定（setup）會將訊息放到 message bus，而且斷言是針對 view。

事件處理式是管理 read 模型更新的好方法，如果你覺得需要一個的話。它們也會讓你以後更容易更改那一個 read 模型的實作。

給讀者的習題

實作另一個 view，這一次展示針對單一訂單行的配貨。

在此，使用寫死的 SQL vs. 使用 repository 之間的差異應該模糊許多。嘗試一些版本（或許包括使用 Redis），看看你比較喜歡哪一種。

結語

表 12-2 展示各種選項的優缺點。

MADE.com 的配貨服務碰巧使用「成熟的」CQRS，在 Redis 內儲存一個 read 模型，甚至用了 Varnish 提供的第二層快取。但是它的用例與我們在此展示的有很大的差異。對我們正在建構的配貨服務而言，你應該不太需要使用單獨的 read 模型和事件處理式來更新它。

但是隨著領域模型變得越來越豐富和複雜，簡單化的 read 模型將越來越吸引你。

表 12-2　各種 view 模型選項的優缺點

選項	優點	缺點
直接使用 repository	簡單，一致的做法。	可能有複雜的查詢模式造成的性能問題。
用你的 ORM 使用自訂查詢	可以重複使用 DB 組態與模型定義。	加入另一種具備自己的怪癖和語法的查詢語言。
使用自製的 SQL	用標準的查詢語法可以很好地控制性能。	必須對自製的查詢與 ORM 定義進行 DB 綱要變更。高度正規化的綱要依然可能有性能限制。
用事件建立單獨的讀取儲存體	唯讀複本很容易外擴。可在資料改變時建構 view，所以查詢指令將盡可能地簡單。	技術很複雜。Harry 會懷疑你的品味與動機。

通常 read 處理的物件在概念上與 write 模型是一樣的，所以使用 ORM 時，在 repository 加入一些 read 方法，並且讓 read 操作使用領域模型類別是**可行的做法**。

在本書的範例中，read 操作處理的對象在概念上與領域模型完全不同。配貨服務是以單一 SKU 的 `Batches` 來思考的，但使用者在乎整筆訂單的配貨，訂單有多個 SKU，所以使用 ORM 有些尷尬。我們很想要使用本章開頭展示的原始 SQL view。

說到這裡，讓我們進入最後一章。

第十三章

依賴注入（與啟動）

Python 領域對依賴注入（DI）抱持懷疑的態度，更何況，在目前為止的範例中，我們不需要它就可以**很好地**完成工作了！

本章將探索可能導致我們考慮在程式中使用 DI 的一些痛點，並提供一些實作 DI 的選項，由你自己選擇你認為最符合 Python 風格的一種。

我們也在架構中加入一個新元件，稱為 *bootstrap.py*，它將負責依賴注入，以及常見的一些其他初始化工作。我們將解釋為何這種東西在 OO 語言中稱為 *composition root*（**組合根**），以及為何 *bootstrap script*（**啟動腳本**）對我們的目的而言已經很合適。

圖 13-1 是我們的 app 在沒有 bootstrapper 時的樣子，bootstrapper 是進行許多初始化，並且四處傳遞主依賴項目（UoW）的入口。

如果你還沒有看過第 3 章，在繼續閱讀這一章之前，你應該先看完它，尤其是關於功能 vs. 物件導向依賴管理的討論。

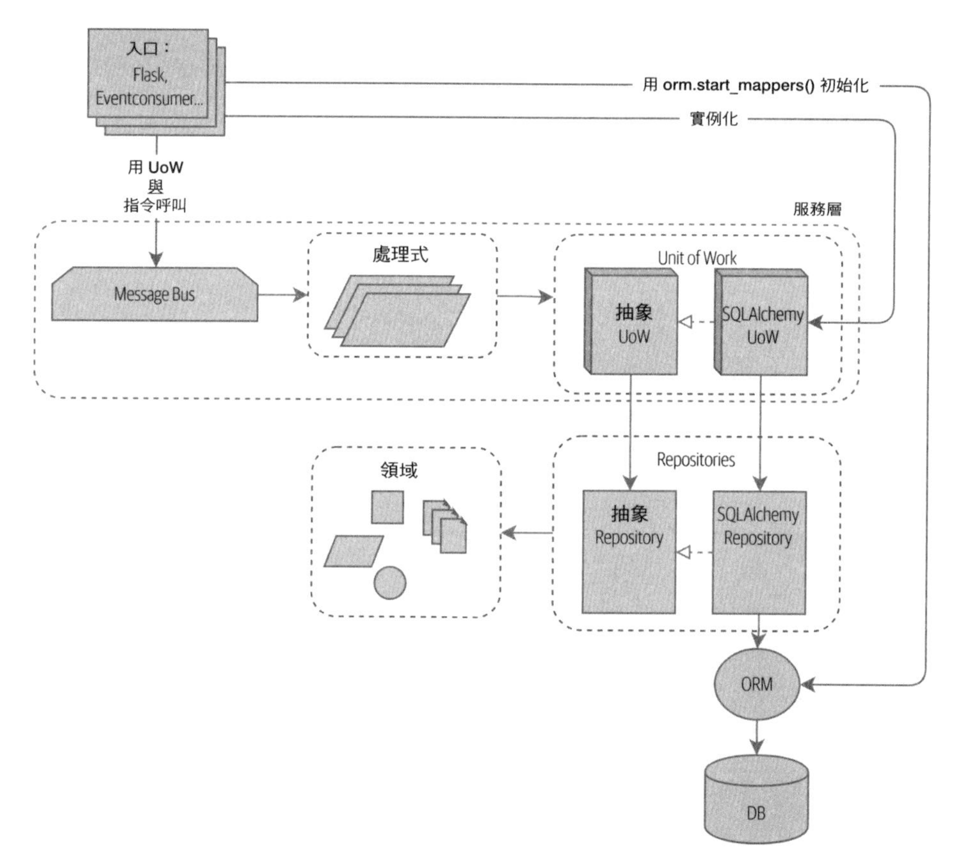

圖 13-1　沒有 bootstrap：入口做很多事

本章的程式碼位於 GitHub 的 chapter_13_dependency_injection（*https://oreil.ly/-B7e6*）：

```
git clone https://github.com/cosmicpython/code.git
cd code
git checkout chapter_13_dependency_injection
# 或是跟著寫程式，簽出上一章：
git checkout chapter_12_cqrs
```

圖 13-2 是負責這些工作的 bootstrapper。

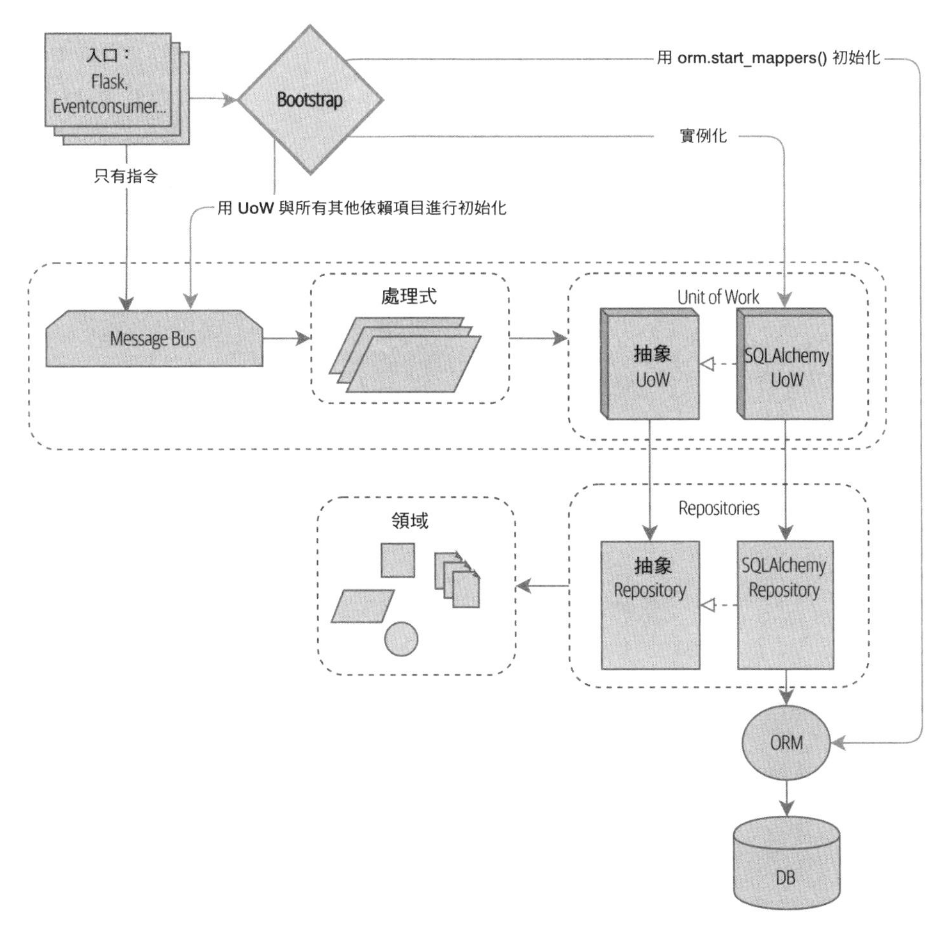

圖 13-2　Bootstrap 在一個地方處理所有那些事情

隱性 vs. 明確的依賴關係

取決於你的大腦類型，或許在你的大腦深處已經有輕微的不安感了，我們就直話直說吧。我們已經展示兩種管理依賴項目與測試它們的方式了。

我們已經為資料庫依賴關係仔細地建立一個明確的依賴關係框架，以及可在測試中輕鬆覆寫的選項了。我們的主處理函式明確地宣告依賴 UoW：

我們的處理式明確地依賴 UoW（src/allocation/service_layer/handlers.py）

```
def allocate(
        cmd: commands.Allocate, uow: unit_of_work.AbstractUnitOfWork
):
```

它可讓我們在服務層測試中輕鬆地換成偽 UoW：

服務層測試，針對偽 UoW（tests/unit/test_services.py）

```
    uow = FakeUnitOfWork()
    messagebus.handle([...], uow)
```

UoW 本身宣告明確地依賴 session 工廠：

UoW 依賴一個 session 工廠（src/allocation/service_layer/unit_of_work.py）

```
class SqlAlchemyUnitOfWork(AbstractUnitOfWork):

    def __init__(self, session_factory=DEFAULT_SESSION_FACTORY):
        self.session_factory = session_factory
        ...
```

我們在整合測試中利用它，以便有時使用 SQLite 取代 Postgres：

對不同的 DB 進行整合測試（tests/integration/test_uow.py）

```
def test_rolls_back_uncommitted_work_by_default(sqlite_session_factory):
    uow = unit_of_work.SqlAlchemyUnitOfWork(sqlite_session_factory)  ❶
```

❶ 整合測試將預設的 Postgres `session_factory` 換成 SQLite 的。

「明確的依賴關係」不是很奇怪或很像 Java 嗎？

如果你已經習慣在 Python 裡面常見的事情，你會覺得這些程式有點奇怪。標準的做法是藉著匯入依賴項目來隱性地宣告它，如果我們以後需要修改它來進行測試，我們可以 monkeypatch，正如動態語言的正確做法：

以匯入依賴項目的一般做法寄送 *email*（*src/allocation/service_layer/handlers.py*）

```
from allocation.adapters import email, redis_eventpublisher  ❶
...

def send_out_of_stock_notification(
        event: events.OutOfStock, uow: unit_of_work.AbstractUnitOfWork,
):
    email.send(  ❷
        'stock@made.com',
        f'Out of stock for {event.sku}',
    )
```

❶ 寫死的匯入

❷ 直接呼叫特定的 email 寄送程式

何必只為了測試而使用沒必要的參數來汙染 app 程式？`mock.patch` 可以輕鬆地勝過 monkeypatch：

mock.patch，感謝您，*Michael Foord*（*tests/unit/test_handlers.py*）

```
with mock.patch("allocation.adapters.email.send") as mock_send_mail:
    ...
```

問題在於我們讓它看起來太簡單了，因為我們的玩具範例並未真正寄出 email（`email.send_mail` 只會進行列印），但是在真實世界中，你必須為**每一個**可能造成缺貨通知的測試呼叫 `mock.patch`。如果你的基礎程式有許多用來防止不想要發生的副作用的 mock，你就會知道那些 mock 樣板有多煩人。

而且 mock 將我們與實作緊密地掛鉤。藉著選擇 monkeypatch `email.send_mail`，我們被迫執行 `import email`，如果我們想要執行 `from email import send_mail` 這種簡單的重構，我們就必須修改所有的 mock。

所以這是一種取捨。沒錯，嚴格說來，宣告明確的依賴項目是沒必要的，使用它們也會讓 app 程式碼複雜一些，但它的回報是讓測試更容易編寫與管理。

更重要的是，宣告明確的依賴關係是依賴反轉原則的一種案例——我們（明確地）依賴一個**抽象**，而不是（隱性地）依賴一個**特定的**細節：

> 明確勝於隱晦。
>
> —The Zen of Python

明確的依賴關係比較抽象（*src/allocation/service_layer/handlers.py*）

```
def send_out_of_stock_notification(
        event: events.OutOfStock, send_mail: Callable,
):
    send_mail(
        'stock@made.com',
        f'Out of stock for {event.sku}',
    )
```

但是如果我們改成明確地宣告所有的這些依賴項目，由誰注入它們，還有如何注入？到目前為止，我們實際上只處理了 UoW 的傳遞：我們的測試使用 `FakeUnitOfWork`，而 Flask 與 Redis 事件接收方入口使用真正的 UoW，message bus 將它們傳給指令處理式。如果我們加入真正的或假的 email 類別，誰將建立它們並傳遞它們？

對於 Flask、Redis 與我們的測試，這是額外的（重複的）煩惱，何況，讓 message bus 全權負責「將依賴項目傳遞給正確的處理式」似乎已經違反 SRP 了。

所以，我們將改用一種稱為 *Composition Root*（供你我使用的啟動腳本）[1] 的模式，我們將會做一些「手動 DI」（不使用框架的依賴注入）。見圖 13-3[2]。

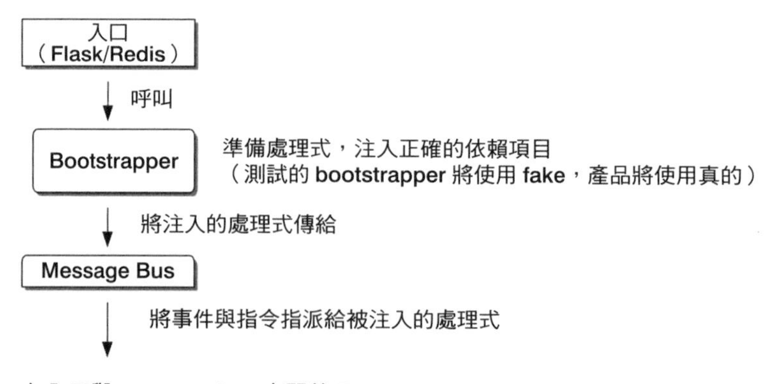

圖 13-3　在入口與 message bus 之間的 Bootstrapper

1　因為 Python 不是「純」OO 語言，Python 開發者不見得習慣「將一組物件**組合**成一個可運行的 app」的概念。我們只是選擇入口，並從上到下執行程式。

2　Mark Seemann 將它稱為 *Pure DI*（*https://oreil.ly/iGpDL*）或有時稱為 *Vanilla DI*。

準備處理式：使用 closure 與 partial 來進行手動 DI

要將含有依賴項目的函式變成已經注入依賴項目並且可在稍後呼叫的函式，有一種做法是使用 closure 或 partial 函式來將函式與它的依賴項目組合起來：

使用 closure 與 partial 函式的 DI 案例

```
# 既有的 allocate 函式，有抽象的 uow 依賴項目
def allocate(
        cmd: commands.Allocate, uow: unit_of_work.AbstractUnitOfWork
):
    line = OrderLine(cmd.orderid, cmd.sku, cmd.qty)
    with uow:
        ...

# bootstrap 腳本準備實際的 UoW

def bootstrap(..):
    uow = unit_of_work.SqlAlchemyUnitOfWork()

    # 準備一個 allocate 函式版本，使用以 closure 收到的 UoW 依賴項目
    allocate_composed = lambda cmd: allocate(cmd, uow)

    # 或等效的做法（可提供比較好的 stack trace）
    def allocate_composed(cmd):
        return allocate(cmd, uow)

    # 或是使用 partial
    import functools
    allocate_composed = functools.partial(allocate, uow=uow)  ❶

# 在執行期稍後，我們可以呼叫 partial 函式，
# 它將是已經綁定 UoW 的
allocate_composed(cmd)
```

❶ closure（lambda 或具名函式）與 `func tools.partial` 之間的差異在於前者是後期綁定變數（*https://docs.python-guide.org/writing/gotchas/#late-binding-closures*），如果有任何依賴項目是可變的，這可能是疑惑的根源。

這是在 `send_out_of_stock_notification()` 處理式使用同一個模式的樣子，它有不同的依賴項目：

另一個 closure 與 partial 函式

```
def send_out_of_stock_notification(
        event: events.OutOfStock, send_mail: Callable,
):
    send_mail(
        'stock@made.com',
        ...


# 準備有依賴項目的 send_out_of_stock_notification 版本
sosn_composed  = lambda event: send_out_of_stock_notification(event, email.send_mail)

...
# 稍後，在執行期：
sosn_composed(event)  # 將會有已注入的 email.send_mail
```

另一種做法，使用類別

做過泛函編程的人都很熟悉 closure 與 partial 函式，它們是類別的替代方案，可能也會吸引其他人。不過，這種做法需要將所有的處理函式改寫為類別：

使用類別進行 DI

```
# 我們將舊的 `def allocate(cmd, uow)` 換成：

class AllocateHandler:

    def __init__(self, uow: unit_of_work.AbstractUnitOfWork):  ❷
        self.uow = uow

    def __call__(self, cmd: commands.Allocate):  ❶
        line = OrderLine(cmd.orderid, cmd.sku, cmd.qty)
        with self.uow:
            # handler 方法其餘的部分與之前一樣
            ...

# bootstrap 腳本準備實際的 UoW
uow = unit_of_work.SqlAlchemyUnitOfWork()

# 接著準備已注入依賴項目的 allocate 函式
allocate = AllocateHandler(uow)

...
# 在執行期，我們可以呼叫處理式實例，
```

```
    # 它已經被注入 UoW 了
    allocate(cmd)
```

❶ 類別在設計上會產生一個 callable 函式，所以它有一個 *call* 方法。

❷ 但是我們使用 `init` 來宣告它的依賴項目。如果你寫過類別式描述器（descriptor）或使用類別接收引數的 context manager，應該很熟悉這種東西。

請使用你或你的團隊習慣的做法。

Bootstrap 腳本

我們希望 bootstrap 腳本做這些事情：

1. 宣告預設的依賴項目，但可讓我們覆寫它們
2. 執行啟動 app 所需的「初始」工作
3. 將所有依賴項目注入處理式
4. 回傳 app 的核心物件，message bus

這是第一版：

bootstrap 函式（*src/allocation/bootstrap.py*）

```
def bootstrap(
    start_orm: bool = True,  ❶
    uow: unit_of_work.AbstractUnitOfWork = unit_of_work.SqlAlchemyUnitOfWork(),  ❷
    send_mail: Callable = email.send,
    publish: Callable = redis_eventpublisher.publish,
) -> messagebus.MessageBus:

    if start_orm:
        orm.start_mappers()  ❶

    dependencies = {'uow': uow, 'send_mail': send_mail, 'publish': publish}
    injected_event_handlers = {  ❸
        event_type: [
            inject_dependencies(handler, dependencies)
            for handler in event_handlers
        ]
        for event_type, event_handlers in handlers.EVENT_HANDLERS.items()
    }
    injected_command_handlers = {  ❸
```

```
        command_type: inject_dependencies(handler, dependencies)
        for command_type, handler in handlers.COMMAND_HANDLERS.items()
    }

    return messagebus.MessageBus(  ❹
        uow=uow,
        event_handlers=injected_event_handlers,
        command_handlers=injected_command_handlers,
    )
```

❶ orm.start_mappers() 是在 app 啟動時必須完成的初始工作。我們也可以看到諸如設定 logging 模組之類的事情。

❷ 我們可以使用引數預設值來定義一般 / 生產環境預設值。雖然將它們放在同一個地方很好，但有時依賴項目在建構期（construction time）有一些副作用，此時你可能要將它們的預設值設為 None。

❸ 我們使用 inject_dependencies() 函式來建立用來處理注入版本的處理式對映（handler mapping），接下來會展示它。

❹ 回傳設置好、可供使用的 message bus。

這是藉著檢查處理函式，將依賴項目注入處理函式的做法：

藉著檢查函式簽章來進行 *DI*（*src/allocation/bootstrap.py*）

```
def inject_dependencies(handler, dependencies):
    params = inspect.signature(handler).parameters  ❶
    deps = {
        name: dependency
        for name, dependency in dependencies.items()  ❷
        if name in params
    }
    return lambda message: handler(message, **deps)  ❸
```

❶ 檢查指令 / 事件處理式的引數。

❷ 用名稱來比對依賴項目。

❸ 用 kwargs 將它們注入來產生 partial。

用更少魔法做更多手動 DI

如果你覺得上述的 inspect 程式不太容易消化，或許你會喜歡這個比較簡單的版本。

Harry 為 inject_dependencies() 寫了一個程式來展示如何進行「手動」依賴注入的第一步，當 Bob 看到這段程式時，指責他過度設計了，並寫了他自己的 DI 框架。

坦白說，Harry 甚至不認為你可以寫得更白話，但你可以的，比如說：

在行內手動建立 partial 函式（src/allocation/bootstrap.py）

```
injected_event_handlers = {
    events.Allocated: [
        lambda e: handlers.publish_allocated_event(e, publish),
        lambda e: handlers.add_allocation_to_read_model(e, uow),
    ],
    events.Deallocated: [
        lambda e: handlers.remove_allocation_from_read_model(e, uow),
        lambda e: handlers.reallocate(e, uow),
    ],
    events.OutOfStock: [
        lambda e: handlers.send_out_of_stock_notification(e, send_mail)
    ]
}
injected_command_handlers = {
    commands.Allocate: lambda c: handlers.allocate(c, uow),
    commands.CreateBatch: \
        lambda c: handlers.add_batch(c, uow),
    commands.ChangeBatchQuantity: \
        lambda c: handlers.change_batch_quantity(c, uow),
}
```

Harry 說寫這麼多行程式，還要手動查看那麼多函式引數是他難以想像的。不過，這是一個完全可行的做法，因為你加入的每一個處理式都只有一行程式左右，因此就算有數十個處理式也不會產生巨大的維護負擔。

我們的 app 架構在設計上都只在一個地方進行依賴注入，也就是處理函式，所以這個超級手動的方法與 Harry 使用 inspect() 的做法都可以很好地運作。

> 如果你想要在更多東西裡面並且在不同的時間進行 DI，或如果你遇到**依賴關係鏈**（其中，依賴項目有它們自己的依賴項目，以此類推），或許你可以從「真正」的 DI 框架得到一些好處。
>
> 在 MADE，我們有時會使用 Inject（*https://pypi.org/project/Inject*），它很好用，雖然 Pylint 不喜歡它。你也可以研究 Bob 自己寫的 Punq（*https://pypi.org/project/punq*）或 DRY-Python 成員的 dependencies（*https://github.com/dry-python/dependencies*）。

Message Bus 在執行期會收到處理式

我們的 message bus 再也不是靜態了，它必須收到已注入的處理式，所以我們將它從模組改成可設置的類別：

類別形式的 *MessageBus*（*src/allocation/service_layer/messagebus.py*）

```
class MessageBus:  ❶

    def __init__(
        self,
        uow: unit_of_work.AbstractUnitOfWork,
        event_handlers: Dict[Type[events.Event], List[Callable]],  ❷
        command_handlers: Dict[Type[commands.Command], Callable],  ❷
    ):
        self.uow = uow
        self.event_handlers = event_handlers
        self.command_handlers = command_handlers

    def handle(self, message: Message):  ❸
        self.queue = [message]  ❹
        while self.queue:
            message = self.queue.pop(0)
            if isinstance(message, events.Event):
                self.handle_event(message)
            elif isinstance(message, commands.Command):
                self.handle_command(message)
            else:
                raise Exception(f'{message} was not an Event or Command')
```

❶ message bus 變成類別了⋯

❷ ⋯它收到已注入依賴項目的處理式。

❸ handle() 主函式本質上是相同的，只是將一些屬性與方法改為使用 self。

❹ 這樣子使用 self.queue 不是執行緒安全的，如果你使用執行緒，這可能會造成問題，因為 bus 實例在 Flask app 背景中是全域的。這只是一件必須小心的事項。

在 bus 裡面還有哪些修改？

事件與指令處理式邏輯保持相同（*src/allocation/service_layer/messagebus.py*）

```
def handle_event(self, event: events.Event):
    for handler in self.event_handlers[type(event)]:  ❶
        try:
            logger.debug('handling event %s with handler %s', event, handler)
            handler(event)  ❷
            self.queue.extend(self.uow.collect_new_events())
        except Exception:
            logger.exception('Exception handling event %s', event)
            continue


def handle_command(self, command: commands.Command):
    logger.debug('handling command %s', command)
    try:
        handler = self.command_handlers[type(command)]  ❶
        handler(command)  ❷
        self.queue.extend(self.uow.collect_new_events())
    except Exception:
        logger.exception('Exception handling command %s', command)
        raise
```

❶ handle_event 與 handle_command 實質上是相同的，但它們不是檢索靜態的 EVENT_HANDLERS 或 COMMAND_HANDLERS 字典，而是使用 self 版本。

❷ 我們不將 UoW 傳入處理式，而且期望處理式已經有它們的所有依賴項目了，所以它們需要的只是一個引數，也就是特定的事件或指令。

在入口使用 bootstrap

在 app 的入口中，我們只呼叫 `bootstrap.bootstrap()`，準備好一個 message bus，而不是設置 UoW 和其他部分：

Flask 呼叫 bootstrap（*src/allocation/entrypoints/flask_app.py*）

```
-from allocation import views
+from allocation import bootstrap, views

 app = Flask(__name__)
-orm.start_mappers()  ❶
+bus = bootstrap.bootstrap()


 @app.route("/add_batch", methods=['POST'])
@@ -19,8 +16,7 @@ def add_batch():
     cmd = commands.CreateBatch(
         request.json['ref'], request.json['sku'], request.json['qty'], eta,
     )
-    uow = unit_of_work.SqlAlchemyUnitOfWork()  ❷
-    messagebus.handle(cmd, uow)
+    bus.handle(cmd)  ❸
     return 'OK', 201
```

❶ 不需要呼叫 `start_orm()` 了，bootstrap 腳本的初始階段會做這件事。

❷ 不需要明確地建構特定類型的 UoW 了，bootstrap 腳本預設負責這件事。

❸ message bus 現在是特定實例，而不是全域模組[3]。

在測試中初始化 DI

在測試中，我們可以使用 `bootstrap.bootstrap()` 以及覆寫的預設值來取得自訂的 message bus。見這個整合測試範例：

3 然而，如果合理的話，它在 `flask_app` 模組作用域裡面仍然是全域的。如果你想要藉著使用 Flask Test Client 而不是像我們一樣使用 Docker 來測試 Flask app，這可能會造成問題。如果你遇到這種情況，可以研究 Flask app 工廠（*https://oreil.ly/_a6Kl*）。

覆寫 bootstrap 預設值（tests/integration/test_views.py）

```
@pytest.fixture
def sqlite_bus(sqlite_session_factory):
    bus = bootstrap.bootstrap(
        start_orm=True,  ❶
        uow=unit_of_work.SqlAlchemyUnitOfWork(sqlite_session_factory),  ❷
        send_mail=lambda *args: None,  ❸
        publish=lambda *args: None,  ❸
    )
    yield bus
    clear_mappers()

def test_allocations_view(sqlite_bus):
    sqlite_bus.handle(commands.CreateBatch('sku1batch', 'sku1', 50, None))
    sqlite_bus.handle(commands.CreateBatch('sku2batch', 'sku2', 50, date.today()))
    ...
    assert views.allocations('order1', sqlite_bus.uow) == [
        {'sku': 'sku1', 'batchref': 'sku1batch'},
        {'sku': 'sku2', 'batchref': 'sku2batch'},
    ]
```

❶ 我們仍然想要啟動 ORM…

❷ …因為我們即將使用真正的 UoW，雖然是使用記憶體內的資料庫。

❸ 但我們不需要寄出 email 或發布，所以將它們設為 None。

相較之下，在單元測試中，我們可以重複使用 `FakeUnitOfWork`：

在單元測試中的 bootstrap（tests/unit/test_handlers.py）

```
def bootstrap_test_app():
    return bootstrap.bootstrap(
        start_orm=False,  ❶
        uow=FakeUnitOfWork(),  ❷
        send_mail=lambda *args: None,  ❸
        publish=lambda *args: None,  ❸
    )
```

❶ 不需要啟動 ORM…

❷ …因為為 UoW 不使用它。

❸ 我們也想要偽造 email 與 Redis adapter。

這樣子我們就消除了一些重複，將一些設定與合理的預測值移到單一位置。

給讀者的習題 1

使用類別範例，根據 DI 將所有處理式改成類別，並且適當修改 bootstrapper 的 DI 程式。你可以藉此知道，當你進行自己的專案時，你會比較喜歡函式做法還是類別做法。

「正確」建構 adapter：一個可行的範例

為了真正感受所有東西的運作方式，我們來討論一個範例，這個範例說明如何「正確地」建立一個 adapter 並且為它進行依賴注入。

目前，我們有兩種類型的依賴項目：

兩種類型的依賴項目（*src/allocation/service_layer/messagebus.py*）

```
uow: unit_of_work.AbstractUnitOfWork,  ❶
send_mail: Callable,  ❷
publish: Callable,  ❷
```

❶ UoW 有個抽象基礎類別，這是宣告與管理外部依賴項目的重量級選項，我們會在依賴項目相對複雜的情況下使用它。

❷ email 傳送方與 pub/sub 發布方是用函式來定義的。對簡單的依賴項目來說，這是很好的做法。

以下是我們在工作時注入的東西：

- 一個 S3 檔案系統用戶端
- 一個鍵 / 值儲存體用戶端
- 一個 `requests` session 物件

它們大部分都有比較複雜的 API，你無法用單一函式來描述它們，包括讀與寫、GET 與 POST 等等。

我們將以 `send_mail` 為例，說明如何定義比較複雜的依賴項目，雖然它很簡單。

定義抽象與具體實作

假設我們有個比較泛用的通知 API，它將來可能是 email、SMS、Slack post。

ABC 與具體實作（src/allocation/adapters/notifications.py）

```
class AbstractNotifications(abc.ABC):

    @abc.abstractmethod
    def send(self, destination, message):
        raise NotImplementedError

...

class EmailNotifications(AbstractNotifications):

    def __init__(self, smtp_host=DEFAULT_HOST, port=DEFAULT_PORT):
        self.server = smtplib.SMTP(smtp_host, port=port)
        self.server.noop()

    def send(self, destination, message):
        msg = f'Subject: allocation service notification\n{message}'
        self.server.sendmail(
            from_addr='allocations@example.com',
            to_addrs=[destination],
            msg=msg
        )
```

我們在 bootstrap 腳本中改變依賴項目：

在 message bus 裡面的通知（src/allocation/bootstrap.py）

```
 def bootstrap(
     start_orm: bool = True,
     uow: unit_of_work.AbstractUnitOfWork = unit_of_work.SqlAlchemyUnitOfWork(),
-    send_mail: Callable = email.send,
+    notifications: AbstractNotifications = EmailNotifications(),
     publish: Callable = redis_eventpublisher.publish,
 ) -> messagebus.MessageBus:
```

為測試製作偽造版本

我們為單元測試定義一個偽造版本：

偽造通知（*tests/unit/test_handlers.py*）

```
class FakeNotifications(notifications.AbstractNotifications):

    def __init__(self):
        self.sent = defaultdict(list)  # type: Dict[str, List[str]]

    def send(self, destination, message):
        self.sent[destination].append(message)
...
```

在測試中使用它：

稍微修改測試（*tests/unit/test_handlers.py*）

```
    def test_sends_email_on_out_of_stock_error(self):
        fake_notifs = FakeNotifications()
        bus = bootstrap.bootstrap(
            start_orm=False,
            uow=FakeUnitOfWork(),
            notifications=fake_notifs,
            publish=lambda *args: None,
        )
        bus.handle(commands.CreateBatch("b1", "POPULAR-CURTAINS", 9, None))
        bus.handle(commands.Allocate("o1", "POPULAR-CURTAINS", 10))
        assert fake_notifs.sent['stock@made.com'] == [
            f"Out of stock for POPULAR-CURTAINS",
        ]
```

理解如何對真正的東西進行整合測試

接下來要測試真正的東西了，通常使用端對端或整合測試。我們使用 MailHog（*https://github.com/mailhog/MailHog*）作為 Docker 開發環境的真實 email 伺服器：

Docker-compose 組態，包含真偽 *email* 伺服器（*docker-compose.yml*）

```
version: "3"

services:

  redis_pubsub:
    build:
      context: .
      dockerfile: Dockerfile
    image: allocation-image
    ...
```

```
  api:
    image: allocation-image
    ...

  postgres:
    image: postgres:9.6
    ...

  redis:
    image: redis:alpine
    ...

  mailhog:
    image: mailhog/mailhog
    ports:
      - "11025:1025"
      - "18025:8025"
```

在整合測試中，我們使用 EmailNotifications 類別，與 Docker cluster 的 MailHog 伺服器溝通：

整合測試 *email*（*tests/integration/test_email.py*）

```
@pytest.fixture
def bus(sqlite_session_factory):
    bus = bootstrap.bootstrap(
        start_orm=True,
        uow=unit_of_work.SqlAlchemyUnitOfWork(sqlite_session_factory),
        notifications=notifications.EmailNotifications(),  ❶
        publish=lambda *args: None,
    )
    yield bus
    clear_mappers()


def get_email_from_mailhog(sku):  ❷
    host, port = map(config.get_email_host_and_port().get, ['host', 'http_port'])
    all_emails = requests.get(f'http://{host}:{port}/api/v2/messages').json()
    return next(m for m in all_emails['items'] if sku in str(m))


def test_out_of_stock_email(bus):
    sku = random_sku()
    bus.handle(commands.CreateBatch('batch1', sku, 9, None))  ❸
    bus.handle(commands.Allocate('order1', sku, 10))
    email = get_email_from_mailhog(sku)
```

```
    assert email['Raw']['From'] == 'allocations@example.com'  ❹
    assert email['Raw']['To'] == ['stock@made.com']
    assert f'Out of stock for {sku}' in email['Raw']['Data']
```

❶ 使用 bootstrapper 來建立一個與真正的通知類別溝通的 message bus。

❷ 確認如何從「真的」email 伺服器抓取 email。

❸ 使用 bus 來進行測試設定。

❹ 雖然困難重重，但這種做法確實奏效了，而且幾乎在一開始！

就是這樣！

給讀者的習題 2

對於 adapter，你可以做兩件事：

1. 試著將通知從 email 換成（舉例）使用 Twilio 的 SMS 通知，或 Slack 通知。你可以找到與 MailHog 對應的軟體，並用它來進行整合測試嗎？
2. 類似我們從 `send_mail` 遷往 `Notifications` 類別的方式，試著將目前只是 `Callable` 的 `redis_eventpublisher` 重構成比較正式的 adapter/ 基礎類別 / 協定。

結語

當你的 adapter 不只一個時，除非你做某種**依賴注入**，否則你會發現手動傳遞依賴項目非常痛苦。

如同諸多其他典型的設置 / 初始化動作，設置依賴注入只需要在啟動 app 時做一次。將這些動作全部放入 *bootstrap* **腳本**通常是好方法。

bootstrap 腳本也可以為 adapter 提供合理的預設組態，它也是幫測試程式式用 fake 覆寫這些 adapter 的好地方。

如果你需要在多個級別上進行 DI，依賴注入框架應該很好用，例如，當你有一長串的依賴元件，而且它們都需要 DI 時。

本章也提供一個可執行的範例來說明如何將隱性 / 簡單的依賴項目改成「正確」的 adapter、分解 ABC、定義它的真與偽實作，以及考慮整合測試。

回顧 DI 與 Bootstrap

總之：

1. 用 ABC 來定義你的 API。
2. 實作真正的東西。
3. 建構一個 fake，並用它來進行單元 / 服務層 / 處理式測試。
4. 找出可以放入 Docker 環境的較不假（less fake）的版本。
5. 測試較不假的「真」東西。
6. 獲益！

以上是我們想要探討的最後一種模式，它代表第二部分的結束。在結語中，我們要試著提供一些在 Real World™ 採用這些技術的指南。

結語

下一步呢？

我們已經在這本書討論許多基礎知識了，對大部分的讀者而言，這些概念都是新的。考慮到這一點，我們不能指望能夠讓你成為這些技術的專家，我們能做的，就是向你展示大致的想法，以及足夠的程式碼，讓你能夠從頭開始編寫一些東西。

本書展示的程式不是久經沙場的生產程式，它們只是一套樂高積木，可讓你建構你的第一間房子、太空船和摩天大樓。

所以，接下來有兩大任務，我們將討論如何在既有的系統中應用這些概念，並且提醒你一些必須跳過的事情。我們提供的方法也有可能讓你誤射自己的腳，所以我們要教導一些基本的用槍安全守則。

我該如何由此至彼？

很多人可能在想這種事情：

「OK，Bob 與 Harry，你們的東西很棒，如果我要寫的是新領域的新服務，我知道該怎麼做。但是與此同時，我有一團巨大的 Django 泥球，不知道如何做出你那種漂亮、整潔、完美、無瑕、簡單的模型。」

我們聽到你的訴求了，當你已經**做出**一團大泥球時，你很難知道如何下手改善，我們必須逐步解決問題。

首先，你要解決什麼問題？軟體太難改變了嗎？還是性能難以接受？或是你遇到莫名其妙的怪 bug ？

在心中有個明確的目標可以協助你制定待辦事項的優先順序，更重要的是，讓同事知道為何需要進行這項工作。只要工程師能夠提出解決事情的合理理由，企業往往會用務實的方法來處理技術債務或重構。

若要對系統進行複雜的修改，將它與功能工作（feature work）連結比較容易說服別人。你打算推出一款新產品，或是對新市場開放你的服務嗎？這是運用工程資源來矯正基礎架構的最佳時機。如果專案需要六個月的時間交付，說服大家用三週進行清理工作比較容易成功。Bob 將這種工作稱為架構稅（*architecture tax*）。

分離糾纏的職責

在本書的開頭，我們說過大泥球的主要特徵是同質性：系統的每個部分看起來都是一樣的，因為我們沒有釐清每一個元件的職責。要修正它，我們必須分離職責，並加入明確的界限。我們可以從建構服務層（圖 E-1）開始做起。

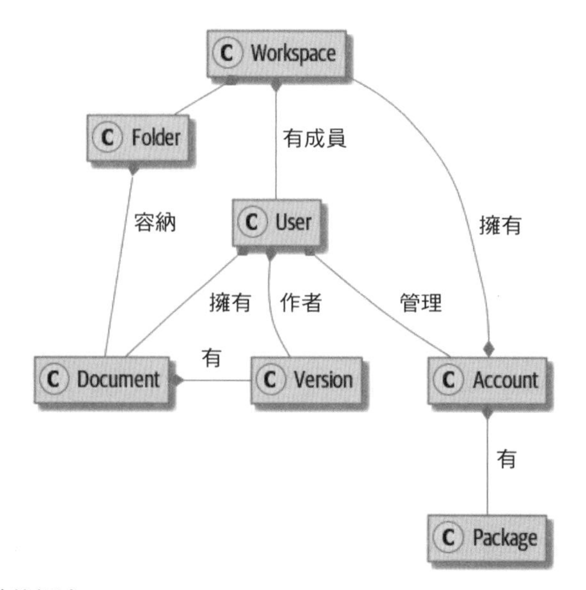

圖 E-1　一個合作系統的領域

這是 Bob 初次學習如何拆開大泥球時的系統，它糟透了，裡面**到處**都有邏輯——在網頁裡面、在管理物件裡面、在輔助函式裡面、在用來將輔助函式與管理物件抽象化的臃腫服務類別裡面，以及在拆開服務的指令物件裡面。

如果你眼前的系統已經到了這種地步，或許你會感到絕望，但是幫荒廢的花園除草永遠不嫌晚。最終，我們聘請一位架構師，他知道他自己在做什麼，並且幫助我們重新控制了局面。

我們從系統的**用例**開始處理。如果你有一個用戶介面，它執行哪些動作？如果你有後端的處理元件，或許各個 cron 工作或 Celery 工作都是一個用例。你的每一個用例的名稱都要使用祈使語氣：例如，Apply Billing Charges、Clean Abandoned Accounts 或 Raise Purchase Order。

在我們的例子中，大部分用例都是管理類別的一部分，並且擁有 Create Workspace 或 Delete Document Version 之類的名稱。每一個用例都是從 web 前端呼叫的。

我們的目標是為每一個**協調**任務的操作建立一個函式或類別。每一個用例都應該做這些事情：

- 在必要時啟動它自己的資料庫交易
- 獲取所需的資料
- 檢查任何先決條件（見附錄 E 的 Ensure 模式）
- 更新領域模型
- 持久保存任何變更

每一個用例都應該以原子形式成功或失敗。你可能需要從一個用例呼叫另一個用例。這是 OK 的，只要記下它，並且試著避免執行長執行運行的資料庫交易即可。

我們遇到的最大問題就是管理方法（manager method）呼叫其他的管理方法，以及資料的存取來自模型物件本身。此時如果沒有在廣闊的基礎程式中進行尋寶，我們很難理解各項操作的作用。此時請將所有邏輯放到單一方法裡面，並使用 UoW 來控制交易，讓系統更容易理解。

案例研究：將雜草叢生的系統分層

很多年以前，Bob 在一家軟體公司工作，那家公司將它的 app 的第一版外包出去，那個 app 是一個用來共享與處理檔案的線上協作平台。

當公司開始在內部開發它時，它已經被好幾代開發人員處理過了，每一波新開發人員都在程式結構加入更多複雜性。

系統的核心是個 ASP.NET Web Forms app，它是用 NHibernate ORM 來建構的。用戶會將文件上傳至工作空間，他們可以在那裡邀請其他工作空間成員檢查、評論或修改他們的作品。

這個 app 大部分的複雜性都在權限模型中，因為每一個文件都被放在一個資料夾裡面，資料夾很像 Linux 檔案系統，容許讀、寫與編輯權限。

此外，每個工作空間都屬於一個帳號，該帳號有可在裡面存放多少檔案的額度，額度多寡來自計費方案。

因此，針對文件的每一次讀 / 寫操作都必須從資料庫載入大量的物件來檢驗權限與額度。在建立新工作空間時，我們需要幾百次資料庫查詢來設定權限結構、受邀的用戶，以及範例內容。

有些操作程式碼在用戶按下按鈕或提交表單時執行的 web 處理式裡面，有些在保存協調程式碼的管理物件裡面，有些在領域模型裡面。模型物件會發出資料庫呼叫或複製磁碟上的檔案，且測試覆蓋率非常糟糕。

為了解決這個問題，我們先加入一個服務層，將建立文件或工作空間的所有程式碼放在同一個地方，並且讓它們可被瞭解。這項工作需要將資料存取程式拉出領域模型，並放入指令處理式。我們也將協調程式碼拉出管理器（manager）與 web 處理式，放入處理式。

雖然最終的指令處理式變得很長而且很混亂，但我們已經開始在混亂中引入秩序了。

用例函式有重複的程式是無可厚非的。我們的目的不是寫出完美的程式，而是試著提取一些有意義的軟體層，比起讓用例函式在一串長鏈中彼此呼叫，在幾個地方有重複的程式碼好多了。

這是從領域模型拉出資料存取或協調程式，將它們放入用例的好機會。我們也試著從領域模型拉出 I/O 動作（例如寄送 email、寫入檔案），並放入用例函式。我們使用第 3 章的抽象技術來讓處理式可用單元測試來檢查，即使在它們執行 I/O 時。

這些用例函式大部分都與 logging、資料存取和錯誤處理有關。一旦你完成這個步驟，你就可以掌握程式實際做了什麼事，並且知道如何確保每一個操作都明確地定義它的開始與結束。我們已經向建構純領域模型邁出一步了。

你可以閱讀 Michael C. Feathers 寫的《*Working Effectively with Legacy Code*》（Prentice Hall）來瞭解如何讓舊有程式可被測試，以及如何開始分離職責。

識別 aggregate 與 bounded context

在我們的案例研究中，有些基礎程式的問題是它的物件圖是高度互相連結的。每一個帳號都有許多工作空間，而且每一個工作空間都有許多成員，他們有各自的帳號。每一個工作空間都容納許多文件，那些文件有許多版本。

我們無法用類別圖來表達這一堆恐怖的東西。首先，我們沒有只與一位用戶有關的單一帳號，反而有一條奇怪的規則，讓你必須使用工作空間列舉與用戶有關的所有帳號，並且選擇建立日期最早的那一個。

在系統中的每一個物件都是一個繼承階層結構的一部分，該階層包含 `Secure Object` 與 `Version`。這個繼承階層直接反映在資料庫綱要中，所以每一個查詢都必須連結 10 個不同的表，並查看鑑別欄（discriminator column），只為了知道正在處理哪一種物件。

基礎程式可讓你用「句點」來指出穿越這些物件的途徑，例如：

```
user.account.workspaces[0].documents.versions[1].owner.account.settings[0];
```

雖然使用 Django ORM 或 SQLAlchemy 來以這種方式建構系統很簡單，但請避免這種做法。它很**方便**，但是因為每一個屬性都可能觸發資料庫查詢，所以讓我們很難對性能進行推理。

aggregate 是一致性界限。通常每一個用例一次只能更新一個 aggregate。其他的處理式要從 repository 取出 aggregate，修改它的狀態，並發出任何事件作為結果。如果你需要來自系統其他部分的資料，使用 read 模型是完全沒問題的，但不要在一次交易裡面更改多個 aggregate。當我們將程式碼拆成不同的 aggregate 時，我們就是在明確地選擇讓它們最終一致。

許多操作都需要以迴圈執行物件，例如：

```
# 鎖定未付款用戶的工作空間

def lock_account(user):
    for workspace in user.account.workspaces:
        workspace.archive()
```

甚至遍歷資料集與文件集合：

```
def lock_documents_in_folder(folder):

    for doc in folder.documents:
         doc.archive()

     for child in folder.children:
         lock_documents_in_folder(child)
```

這些操作都是性能的殺手，但修正它們就是放棄我們的單物件圖。相反，我們開始找出 aggregate，並且打破物件之間的直接連結。

我們在第 12 章討論過惡名昭彰的 SELECT N+1 問題，以及為查詢讀取資料 vs. 為指令讀取資料時，如何選擇不同的技術。

我們的做法通常是將直接參考換成識別碼。

在使用 aggregate 之前：

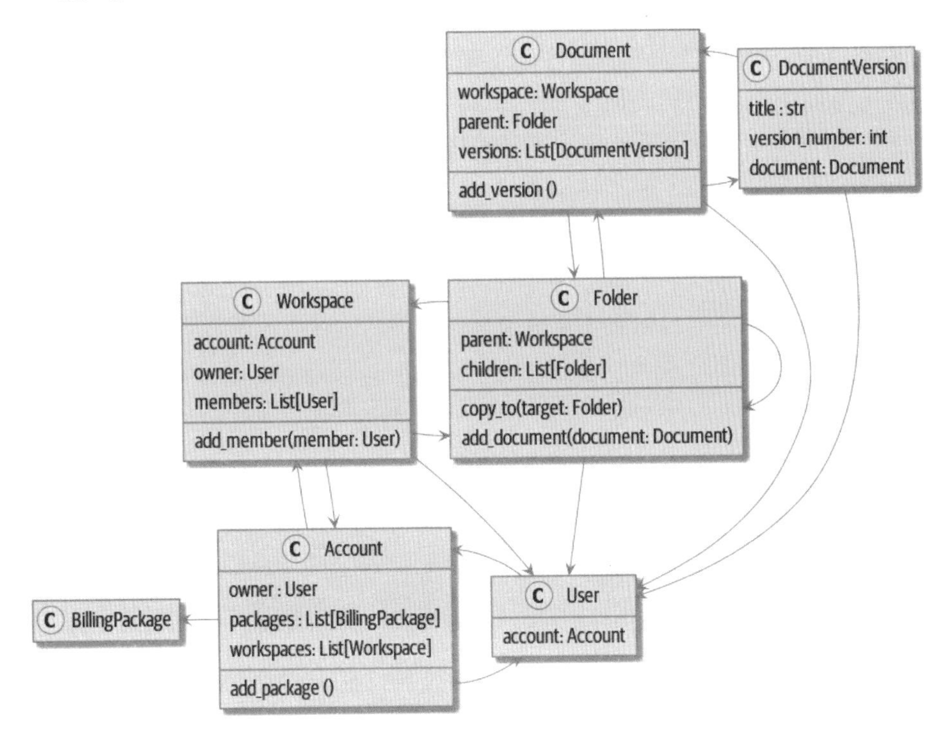

使用 aggregate 來建模之後：

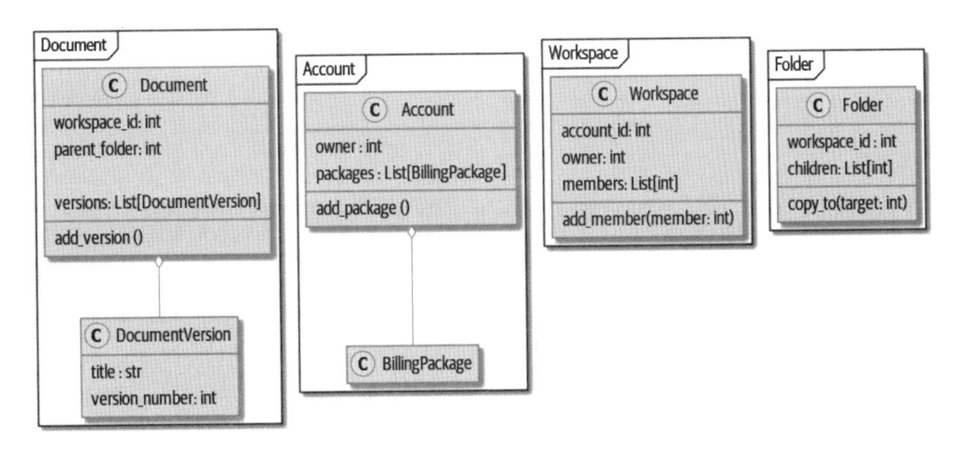

雙向的連結通常代表 aggregate 不正確。在原始程式中，`Document` 知道容納它的 `Folder`，而 `Folder` 有一群 `Document`。雖然它可以讓你輕鬆地遍歷物件圖，但是會防礙你正確地思考一致性界限。我們改用參考來拆開 aggregate。在新模型中，`Document` 有指向它的 `parent_folder` 的參考，但無法直接訪問 `Folder`。

如果我們需要**讀取**資料，我們會避免編寫複雜的迴圈與轉換，並試著將它們換成直接的 SQL。例如，我們的其中一個畫面有樹狀的資料夾與文件。

這個畫面在資料庫裡面有**令人難以置信的**份量，因為它依靠嵌套式的 `for` 迴圈，那些迴圈的功能是觸發延遲載入的 ORM。

我們在第 11 章使用同一種技術，將 ORM 物件上面的嵌套迴圈換成簡單的 SQL 查詢，它是 CQRS 法的第一個步驟。

再三考慮之後，我們將 ORM 程式換成大型的、醜陋的儲存程序。那些程式看起來糟透了，但它快很多，而且有助於拆開 `Folder` 與 `Document` 之間的連結。

需要**寫入**資料時，我們會一次改變一個 aggregate，並且加入 message bus 來處理事件。例如，在新模型中，當我們鎖定一個帳號時，我們可以先用 `SELECT` *`id`* `FROM` *`workspace`* `WHERE` *`account_id`* `= ?` 來查詢所有受影響的工作空間。

接著為各個工作空間發出一個新指令：

```
for workspace_id in workspaces:
    bus.handle(LockWorkspace(workspace_id))
```

用事件驅動法和 Strangler 模式改成微服務

Strangler Fig 模式的做法是圍繞著舊系統的邊界建立新系統，同時維持它的運行，逐漸攔截與替換舊的功能，直到舊的系統完全不做事，可被關閉為止。

我們在建立庫存量服務時，使用一種稱為**事件攔截**的技術將功能從一個位置移到另一個位置。這是一個包含三個步驟的程序：

1. 發出事件來代表在系統中發生的變動，該變動是你想要換掉的。
2. 建立第二個系統來接收這些事件，並且用它們來建構它自己的領域模型。
3. 將舊系統換成新的。

我們使用事件攔截來從圖 E-2…

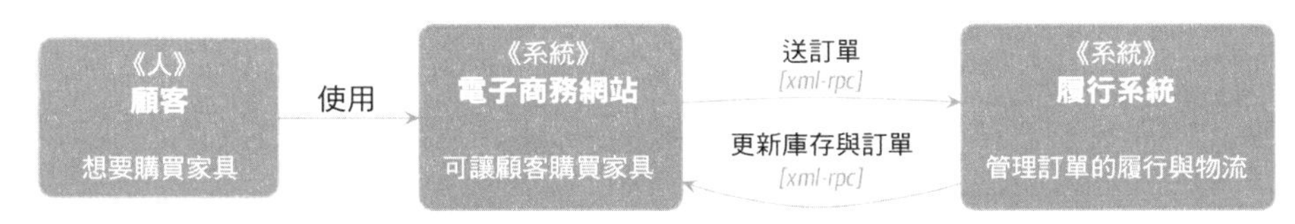

圖 E-2　之前：強烈雙向耦合，基於 XML-RPC

遷往圖 E-3。

圖 E-3　之後：鬆耦合，使用非同步事件（你可以在 *cosmicpython.com* 找到這張圖的高解析度版本）

在實務上，這是一個為期數月的專案。我們的第一步是寫一個可以代表貨批、出貨與產品的領域模型。我們使用 TDD 來建構一個玩具系統，它可以回答一個問題：「如果我想要 N 個單位的 HAZARDOUS_RUG，它們多久會到貨？」

在部署事件驅動系統時，請先從「walking skeleton（代表對用戶而言有意義的最精簡功能集合）」開始做起，部署一個只 log 其輸入的系統可迫使我們處理所有基礎設施問題，並且開始在生產環境中工作。

案例研究：設計微服務來取代領域

MADE.com 最初有兩個單體：一個用於前端電子商務 app，一個用於後端履行系統。

這兩個系統是用 XML-RPC 來溝通的。後端系統會定期醒來並查詢前端系統，來找出新訂單。當它匯入所有新訂單之後，它會送出 RPC 指令來更新庫存量。

隨著時間的過去，這個同步程序變得越來越緩慢，直到有一年的聖誕節，它花了超過 24 小時來匯入一日的訂單。當時他們請 Bob 將這個系統拆成一組事件驅動服務。

我們發現這個流程最慢的部分是計算並同步庫存量，所以我們需要一個可以監聽外部事件，並記錄庫存量的系統。

我們用一個 API 來公開那項資訊，所以用戶的瀏覽器可以詢問各種產品還有多少庫存，以及送貨至他們地址需要多久。

當一個產品完全沒有庫存時，我們會發出一個新的事件，讓電子商務平台可用來將產品下架。因為不知道需要處理多少負載，我們用 CQRS 模式來編寫系統。當庫存量改變時，我們用快取起來的 view 模型來更新 Redis 資料庫。我們的 Flask API 會查詢這些 *view 模型*，而不是執行複雜的領域模型。

最終的結果是，我們可以在 2 至 3 毫秒之內回答「庫存還有多少？」這個問題，現在 API 可以持續地每秒處理數百個請求。

如果你覺得這段故事很熟悉，很好，現在你知道我們的範例 app 是從哪裡來的了！

完成領域模型之後，我們轉而建構一些基礎結構。我們第一次部署到生產環境的是一個小型的系統，它可以接收 `batch_created` 事件，並且 log 它的 JSON 格式。它是事件驅動架構的「Hello World」，迫使我們部署 message bus，連接生產者與消費者，建構部署管道，以及編寫簡單的訊息處理式。

有了部署管道、我們需要的基礎設施，以及基本的領域模型之後，我們就完成任務了。幾個月之後，系統進入生產環境，並開始服務真正的顧客。

說服你的商務關係人嘗試新事物

如果你正在考慮從一個大泥球分出一個新系統，你可能會面臨可靠性、性能、可維護性等問題，或同時遇到這三個問題。深奧難解的問題需要用嚴厲的手段來解決！

建議你先進行**領域建模**。在許多雜草蔓延的系統中，工程師、產品負責人和顧客都再也不使用相同的語言了，商務關係人用抽象的、以流程為中心的術語來討論系統，而開發人員被迫談論處於荒蕪、混亂的狀態之下的系統。

案例研究：用戶模型

前面提過，在我們的第一個系統中，帳號與用戶模型被一個「奇怪的規則」綁在一起，這是一個說明工程人員與商務關係人如何漸行漸遠的完美例子。

在這個系統裡面，**帳號**是**工作空間**的父代，而用戶是工作空間的**成員**。工作空間是套用權限與額度的基本單位。如果有一位用戶**加入**一個工作空間，而且還沒有**帳號**，我們會將他們與擁有該工作空間的帳號連接起來。

雖然這種做法很混亂，而且是臨時性的，但是它運作得很好，直到有一天，產品負責人要求一項新功能：

> 當用戶加入一家公司時，我們想要將他加入該公司的某些預設工作空間，例如 HR 工作空間，或 Company Announcements 工作空間。

我們必須向他們解釋**沒有**公司**這種東西**，也沒有將用戶加入一個帳號這種事情。此外，一家「公司」可能有許多屬於不同用戶的帳號，一位新用戶可能被邀請到它們的任何一個。

多年來，我們一直對一個破損的模型進行臨時修改和採取變通方案，我們必須將整個用戶管理功能改寫成一個全新的系統。

釐清如何為你的領域建模是一項複雜的任務，也是許多優秀書籍的主題。我們喜歡使用互動性技術，例如事件風暴與 CRC 建模，因為人類擅長透過行動進行協作。**事件建模**也是可讓工程師與產品負責人一起用指令、查詢與事件來瞭解系統的技術。

www.eventmodeling.org 與 *www.eventstorming.org* 有一些關於使用事件來進行視覺化建模的優秀指南。

我們的目標是使用統一的術語來討論系統，這樣就可以對複雜性位於何處取得共識。

我們發現將領域問題視為 TDD kata 是很有價值的。例如，我們為庫存量服務寫的第一段程式是貨批與訂單行模型。你可以在午餐研討會，或在專案開始時展示它。當你展示建模的價值之後，你就更容易提出建構專案來優化建模的理由了。

案例研究：採取小步驟的 David Seddon

嗨，我是 David，本書的技術校閱之一。我做過幾個複雜的 Django 單體程式，所以知道 Bob 與 Harry 為了哪一種痛苦不斷安撫大家，並做出各種宏偉的承諾。

當我看到這裡介紹的模式時，我充滿期待。我曾經在較小型的專案裡面使用其中一些技術，但是這張藍圖描述的是一個大很多、使用資料庫的系統，跟我在日常工作中處理的系統一樣。所以我試著釐清如何在目前的機構內實作這張藍圖。

我決定解決一個一直困擾我的基礎程式問題，我先將它做成用例，但是遇到出乎意外的問題，有一些事情是我在閱讀時沒有考慮到的，現在我難以決定該怎麼做。用例與兩個不同的 aggregate 互動會不會出問題？一個用例可不可以呼叫另一個？它如何待在一個遵循不同架構原則的系統裡面，又不產生可怕的混亂？

那張前景無限的藍圖怎麼了？我真的足夠瞭解這些概念，可以付出實踐了嗎？它到底適不適合我的 app？即使它適合，我的同事都同意這麼大的改變嗎？我會不會在進入現實生活時，發現它們都只是我幻想的好主意？

過了一段時間之後，我才意識到我可以從小事做起。我不需要那麼完美，不需要第一次就把事情做對：我可以進行實驗，找出哪些方法最適合我。

這就是我所做的。我已經可以將一些概念用在一些地方上了。我做出一些新功能，它們的商務邏輯可以在不使用資料庫或 mock 的情況之下測試。而且作為一個團隊，我們加入一個服務層來協助定義系統所做的工作。

如果你開始試著在工作中應用這些模式，最初可能也有類似的感覺。當書中的優秀理論與你的基礎程式的現況相遇時，你可能會覺得沮喪。

我的建議是先專注於一個特定的問題，問問自己如何將相關的概念付諸實踐，或許先採取效果有限且不完美的形式。你可能會跟我一樣發現，你選擇的第一個問題有點難，若是如此，那就處理別的問題。不要好高騖遠，也不要害怕失敗。這是一個學習體驗，你可以自信地認為自己正在朝著他人認為有效的方向前進。

所以，如果你也感受痛苦，試試這些想法。不要認為你需要別人的授權才能重新架構所有東西，找個小的地方開始做起。最重要的是，這樣做是為了解決特定的問題。如果你成功解決它了，你就知道你做對事情了，所以也可以做好其他事情。

來自技術校閱，且無法寫成內文的疑問

以下是我們在撰稿過程中聽到的一些問題，它們是無法在書中的其他地方回答的：

我需要一次進行所有這些事情嗎？可不可以一次做一些就好？

不需要，你絕對可以一次採用一些技術。如果你有既有的系統，我們建議你建立一個服務層，來試著將協作工作放在同一個地方。完成之後，你將更容易將邏輯放入模型，並將驗證或錯誤處理等邊緣問題放到入口。

即使你仍然有個龐大、混亂的 Django ORM，你也應該擁有服務層，因為它是你瞭解操作的界限的方式。

抽出用例會破壞許多既有的程式碼，程式太紊亂了

你只要複製貼上即可。暫時有很多重複是沒問題的。你可以將它想成一個包含多個步驟的流程。你的程式正處於糟糕的狀態，所以將它複製並貼到新的位置，並且把新的程式變整潔。

完成之後，你可以將使用舊程式的地方改成使用新程式，最後刪除混亂的程式。修正大型的基礎程式是混亂且痛苦的過程。不要期待事情馬上變好，也不要擔心 app 的某些部分保持混亂。

我需要做 *CQRS* 嗎？它聽起來很奇怪。難道我不能使用 *repository* 就好？

當然可以！本書介紹的技術是為了讓你**更輕鬆**。它們不是懲罰自己的苦行戒律。

在第一個案例研究系統中，我們有許多 *View Builder* 物件使用 repository 抓取資料，接著執行一些轉換，來回傳基本 read 模型。這種做法的優點在於，當你遇到性能問題時，可以輕鬆地重寫 view builder 來使用自訂的查詢或原始 SQL。

用例如何在更大型的系統中互動？讓一個用例呼叫另一個會不會有問題？

這可能只是個過渡步驟。同樣的，在第一個案例研究中，我們有一些處理式需要呼叫其他處理式，這讓系統變得**非常**混亂，改用 message bus 來拆開這些關注點是好很多的做法。

一般來說，你的系統將會有一個 message bus 實作，以及一群以特定 aggregate 或一組 aggregate 為中心的子領域。當你的用例完成工作時，它可以發出一個事件，讓別處的處理式可以執行。

一個用例使用多個 *repository/aggregate* 是一種代碼異味嗎？若是，為什麼？

aggregate 是一致性界限，所以嚴格說來，如果你的用例需要原子性地更新兩個 aggregate（在同一次交易內），你的一致性界限就是錯的。在理想情況下，你應該考慮遷往新的 aggregate，用它包住你想要同時改變的所有東西。

如果你只更新一個 aggregate，並對其他的 aggregate 進行唯讀訪問，這**沒問題**，雖然你也可以考慮建立一個 read/view 模型來取得那些資料——讓各個用例都只有一個 aggregate 可讓事情更整潔。

如果你需要修改兩個 aggregate，但是這兩項操作不需要在同一個交易 /UoW 裡面，你可以考慮將工作拆成兩個不同的處理式，並使用領域事件在兩者之間傳遞資訊。Vaughn Vernon 寫的關於 aggregate 設計的論文（*https://oreil.ly/sufKE*）有更詳細的資訊。

如果我有一個唯讀但是有很多商務邏輯的系統呢？

view 模型裡面可以有複雜的邏輯。這本書鼓勵你將 read 與 write 模型拆開是因為它們有不同的一致性與輸出量需求。在多數情況下，我們可以讓 read 使用比較簡單的邏輯，但是也不一定都如此。尤其是，權限與授權模型可能會在 read 端加入許多複雜性。

在我們編寫的系統中，view 模型需要大量的單元測試。在這些系統中，我們將 *view builder* 與 *view fetcher* 拆開，如圖 E-4 所示。

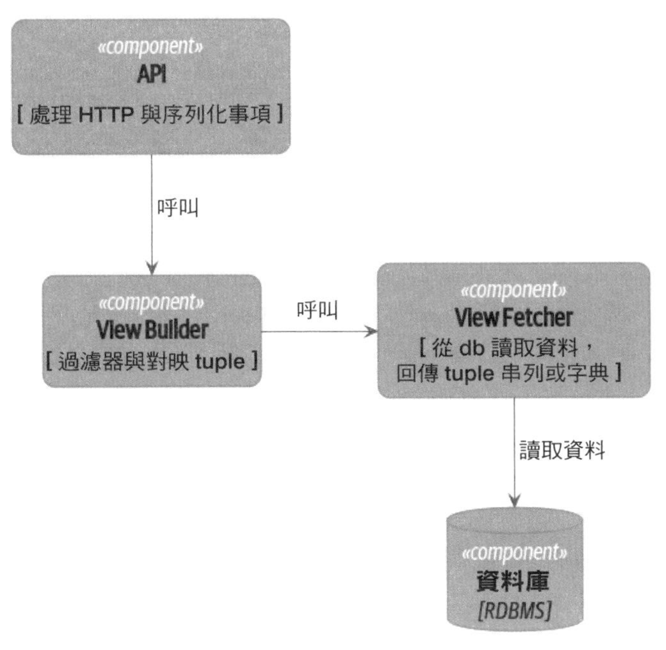

圖 E-4　view builder 與 view fetcher（在 cosmicpython.com 有高解析度版本的圖表）

這樣我們可以藉著提供仿造的資料（例如字典串列）來輕鬆地測試 view builder。具備事件處理式的「花式 CQRS」實際上是執行複雜的 view 邏輯的一種方式，如此一來，我們就可以避免在讀取時執行它。

我需要建立微服務來做這件事嗎？

不！這些技術比微服務早了十年左右。aggregate、領域事件與依賴反轉都是控制大型系統複雜性的手段。之所以如此是因為當你建立商務程序的用例與模型時，將它移到它自己的服務相對容易，但不一定需要如此。

我使用的是 *Django*，我仍然可以這樣做嗎？

我們為你寫了一個附錄：附錄 D ！

Footguns

OK，我們已經為你提供許多新玩具了，接下來是細則。Harry 與 Bob 不建議你將我們的程式複製並貼到生產系統，並在 Redis pub/sub 上面重建你的自動化交易平台。為了簡化，我們省略了許多棘手的主題，以下是我們認為你在真正嘗試之前應該知道的事情。

可靠地傳遞訊息很難

Redis pub/sub 不可靠，而且不應該當成通用傳訊工具來使用。我們選擇它是因為它很常見而且很容易執行。在 MADE，我們使用 Event Store 來傳遞訊息，但我們也試過 RabbitMQ 與 Amazon EventBridge。

Tyler Treat 在他的網站 *bravenewgeek.com* 有幾篇傑出的文章，你至少要閱讀「You Cannot Have Exactly-Once Delivery」(*https://oreil.ly/pcstD*) 與「What You Want Is What You Don't: Understanding TradeOffs in Distributed Messaging」(*https://oreil.ly/j8bmF*)。

我們明確地選擇小型、集中、可獨立失敗的交易

在第 8 章，我們修改流程，在兩個分開的 units of work 裡面為訂單行**取消配貨與重新配貨**。你需要進行監控來瞭解這些交易何時失敗，以及使用工具來重播事件。有時使用交易 log 作為 message broker（例如 Kafka 或 EventStore）很方便。或許你也要瞭解一下 Outbox 模式（*https://oreil.ly/sLfnp*）。

我們沒有討論冪等（*idempotency*）

我們沒有真正考慮當處理式重試時會發生什麼情況。在實務上，你要讓處理式成為冪等，如此一來，使用同一個訊息重複呼叫它就不會重複改變狀態。這是實現可靠性的關鍵技術，因為它可讓我們在事件失敗時，安全地重試它們。

有幾篇探討冪等訊息處理的文獻都很棒，你可以從「How to Ensure Idempotency in an Eventual Consistent DDD/CQRS Application」(*https://oreil.ly/yERzR*) 與「(Un)Reliability in Messaging」(*https://oreil.ly/Ekuhi*) 看起。

你的事件需要隨著時間改變它們的綱要

你要設法記錄事件並且和使用方共享綱要。我們喜歡使用 JSON schema 與 markdown，因為它很簡單，但也有其他技術可以選擇。Greg Young 寫了一本書探討如何隨著時間過去管理事件驅動系統——《*Versioning in an Event Sourced System*》（Leanpub）。

其他必讀文獻

我們還要推薦幾本可以在過程中協助你的書籍：

- Leonardo Giordani 的《*Clean Architectures in Python*》（Leanpub），它是在 2019 年出版的，是少數幾本討論 Python app 結構的書籍之一。
- Gregor Hohpe 與 Bobby Woolf 的《*Enterprise Integration Patterns*》（Addison-Wesley Professional）是訊息傳遞模式的優秀入門書。
- Sam Newman 的《*Monolith to Microservices*》（O'Reilly）與 Newman 的第一本書——《*Building Microservices*》（O'Reilly）。Strangler Fig 模式被稱為最受歡迎的一種，此外還有許多模式。如果你考慮遷往微服務，它們都是很好的參考書，它們可以讓你瞭解整合模式，以及採用非同步傳訊來進行整合的注意事項。

結語

好多警告與推薦讀物！希望沒有把你徹底嚇跑。本書的目標是讓你具備足夠的知識和直覺，可以開始為自己製作一些這種架構。我們很想知道你的進展，以及你在自己的系統中遇到的技術問題，何不透過 *www.cosmicpython.com* 與我們聯繫呢？

附錄 A

總結圖表

以下是我們的架構在本書結束時的樣子：

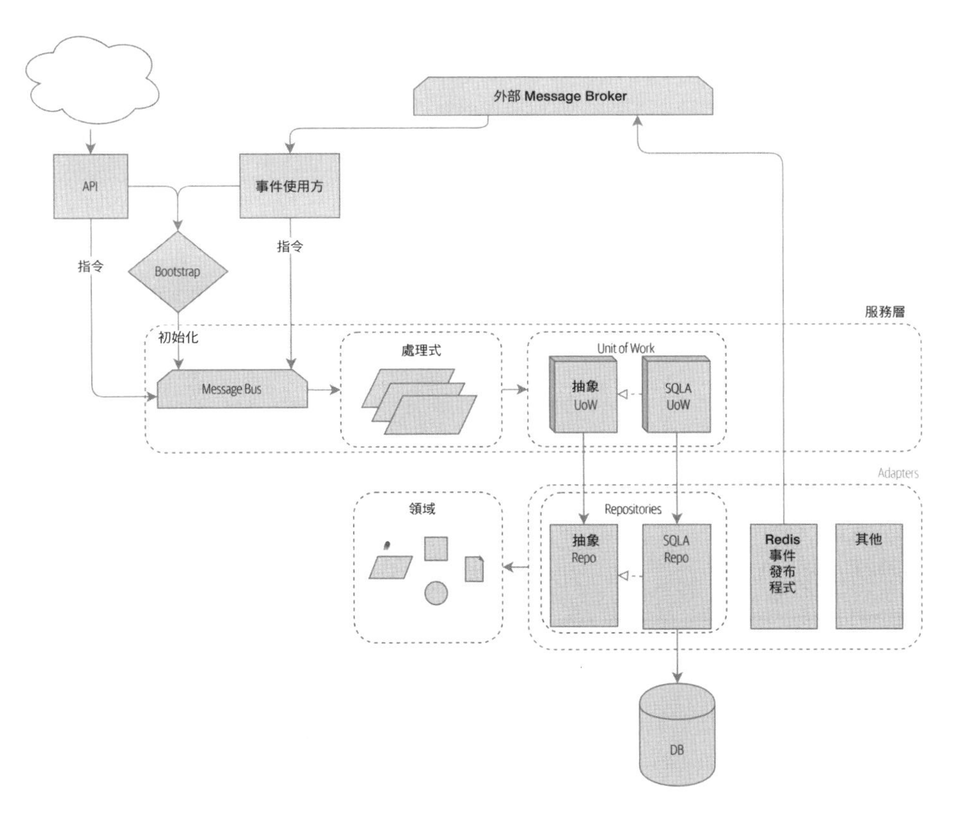

表 A-1 回顧各種模式，以及它的作用。

表 A-1　我們的架構的元件，以及它們的作用

階層	元件	說明
領域 定義商務邏輯	實體	一種領域物件，它的屬性可能改變，但有個無論何時都可供識別的身分。
	值物件	一種不可變的領域物件，完全用屬性來定義，可以和其他相同的物件互換。
	Aggregate	由彼此相關的物件組成的群體，可視為一個進行資料變更的單位。定義與實施一致性界限。
	事件	代表已經發生的事情。
	指令	代表系統應該執行的工作。
服務層 定義系統應該執行的工作，以及協調不同的元件	處理式	接收指令或事件，並執行需要發生的事情。
	Unit of work	圍繞著資料完整性的抽象。每一個 unit of work 都代表一個原子更新。提供 repository。追蹤取出來的 aggregate 的新事件。
	message bus（內部）	處理指令與事件，將它們引導至正確的處理式。
Adapter（次級） 從系統到外部世界的介面（*I/O*）的具體實作	Repository	圍繞著持久儲存體的抽象。每一個 aggregate 都有它自己的 repository。
	事件發布器	將事件發布到外部 message bus。
入口（主要 adapter） 將外部輸入轉換成針對服務層的呼叫	Web	接收 web 請求並將它們轉換成指令，將它們傳給內部的 message bus。
	事件接收方	從外部 message bus 讀取事件，並將它們轉換成指令，將它們傳給內部的 message bus。
N/A	外部 message bus（訊息仲介）	讓不同的服務透過事件用來互相溝通的基礎設施。

附錄 B

模板專案結構

原本我們將所有東西都放在一個資料夾裡面，在第 4 章左右，我們將它轉換成比較結構化的樹狀組織，我們認為將活動零件列出來很有趣。

這個附錄的程式位於 GitHub 的 appendix_project_structure 分支（*https://oreil.ly/1rDRC*）：

```
git clone https://github.com/cosmicpython/code.git
cd code
git checkout appendix_project_structure
```

這是基本的資料夾結構：

專案的樹狀結構

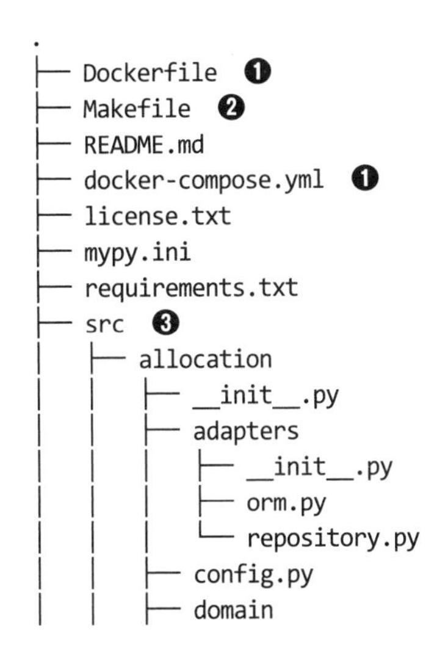

```
.
├── Dockerfile ❶
├── Makefile ❷
├── README.md
├── docker-compose.yml ❶
├── license.txt
├── mypy.ini
├── requirements.txt
├── src ❸
│   ├── allocation
│   │   ├── __init__.py
│   │   ├── adapters
│   │   │   ├── __init__.py
│   │   │   ├── orm.py
│   │   │   └── repository.py
│   │   ├── config.py
│   │   ├── domain
```

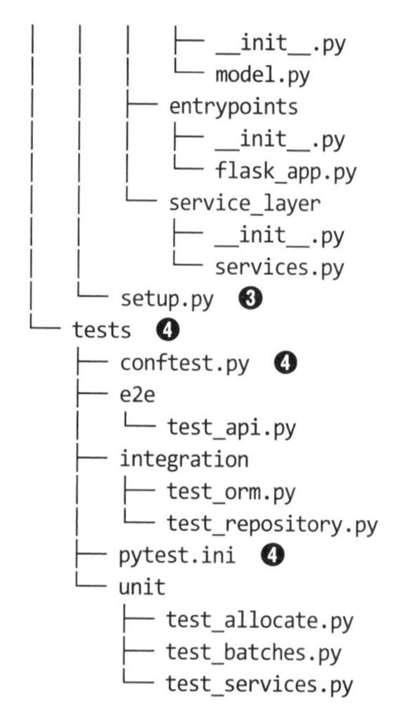

```
│   │   │   ├── __init__.py
│   │   │   └── model.py
│   │   ├── entrypoints
│   │   │   ├── __init__.py
│   │   │   └── flask_app.py
│   │   └── service_layer
│   │       ├── __init__.py
│   │       └── services.py
│   └── setup.py  ❸
└── tests  ❹
    ├── conftest.py  ❹
    ├── e2e
    │   └── test_api.py
    ├── integration
    │   ├── test_orm.py
    │   └── test_repository.py
    ├── pytest.ini  ❹
    └── unit
        ├── test_allocate.py
        ├── test_batches.py
        └── test_services.py
```

❶ *docker-compose.yml* 與 *Dockerfile* 是執行 app 的容器的主要組態部分，它們也可以執行測試（CI）。比較複雜的專案可能有多個 Dockerfiles，不過我們發現減少映像的數量通常比較好 [1]。

❷ *Makefile* 是開發人員（或 CI 伺服器）在正常工作流程中可能執行的典型指令的入口：`make build`、`make test` 等等 [2]。它是選用的。你可以直接使用 `docker-compose` 與 `pytest`，但是通常你可以將所有「常用命令」放到某處的一個串列中，而且與文件不同的是，Makefile 是程式碼，所以它不太可能過時。

❸ app 的所有原始碼都在 *src* 裡面的 Python 程式包內 [3]，包括領域模型、Flask app、基礎程式，我們用 `pip install -e` 與 *setup.py* 檔案來安裝它。它會讓 import 變得簡單。目前，在這個模組裡面的結構完全是平的，但是對比較複雜的專案而言，你可以增加資料夾階層，加入 *domain_model/*、*infrastructure/*、*services/* 與 *api/*。

---

1 為生產與測試分出映像有時很好，但我們往往發現進一步試著為不同類型的 app 程式碼分出不同的映像（例如 Web API vs. pub/sub 用戶端）通常會帶來不必要的麻煩，導致極高的複雜性和重新組建與 CI 時間方面的代價。一切視情況而定。

2 Makefiles 的純 Python 替代方案是 Invoke（*http://www.pyinvoke.org*）。如果你的團隊中的所有人都知道 Python（或至少知道它比 Bash 好！），它值得研究。

3 Hynek Schlawack 寫的「Testing and Packaging」（*https://hynek.me/articles/testing-packaging*）有關於 *src* 資料夾的詳細資訊。

❹ 測試位於它們自己的資料夾內，用子資料夾來區分不同的測試類型，讓你可以分別執行它們。我們可以將共享的 fixture（*conftest.py*）放在主測試資料夾內，並且在主資料夾裡面加入比較具體的資料夾，如果你要的話。這也是存放 *pytest.ini* 的地方。

pytest 文件（*https://oreil.ly/QVb9Q*）很適合測試布局與可匯入性。

我們來更仔細地看一下其中的一些檔案和概念。

環境變數、12 因素與組態，在容器裡面與外面

在此，我們想要解決的基本問題是——使用不同的組態設定來做以下事情：

- 直接從你自己的開發電腦執行程式或測試，或許要和 Docker 容器的對映連接埠溝通
- 在容器本身運行，使用「真」的連接埠與主機名稱
- 不同的容器環境（開發、預備、生產等）

用 12 因素宣言（*https://12factor.net/config*）建議的環境變數來進行設置可以解決這個問題，但具體來說，我們如何在程式與容器中實作它呢？

Config.py

當我們的 app 程式碼需要取得某個組態時，它要從一個稱為 *config.py* 的檔案取得它。這是來自我們的 app 的範例：

設置函式範例（*src/allocation/config.py*）

```
import os

def get_postgres_uri():  ❶
    host = os.environ.get('DB_HOST', 'localhost')  ❷
    port = 54321 if host == 'localhost' else 5432
    password = os.environ.get('DB_PASSWORD', 'abc123')
    user, db_name = 'allocation', 'allocation'
    return f"postgresql://{user}:{password}@{host}:{port}/{db_name}"


def get_api_url():
```

```
    host = os.environ.get('API_HOST', 'localhost')
    port = 5005 if host == 'localhost' else 80
    return f"http://{host}:{port}"
```

❶ 使用函式來取得目前的組態，而不是取得匯入期的常數，因為它可讓用戶端程式在必要時修改 os.environ。

❷ *config.py* 也定義了一些預設的設定，設計上是在開發者的本地電腦執行程式時運作的[4]。

如果你懶得自製環境組態函式，你可以參考優雅的 Python 程式包 *environ-config*（*https://github.com/hynek/environconfig*）。

不要讓這個組態模組變成一個垃圾場，充斥著和組態有模糊關係的東西，再到處匯入它。讓事物維持不變，並且只能透過環境變數修改它們。如果你決定使用 bootstrap 腳本，你可以讓它成為唯一匯入組態的地方（除了測試之外）。

Docker-Compose 與容器組態

我們使用一種稱為 *docker-compose* 的輕量級 Docker 容器協作工具，它的主要組態使用 YAML 檔（唉）[5]：

docker-compose 組態檔（*docker-compose.yml*）

```
version: "3"
services:

  app:  ❶
    build:
      context: .
      dockerfile: Dockerfile
    depends_on:
      - postgres
    environment:  ❸
      - DB_HOST=postgres  ❹
      - DB_PASSWORD=abc123
      - API_HOST=app
```

4 這提供一個「勉強可行」的本地開發設定。你可能比較喜歡在缺少環境變數時強行失敗，尤其是有任何預設值在生產環境中不安全時。

5 Harry 有點討厭 YAML，雖然它無處不在，但他卻永遠記不住它的語法和縮排規則。

```
      - PYTHONDONTWRITEBYTECODE=1  ❺
    volumes:  ❻
      - ./src:/src
      - ./tests:/tests
    ports:
      - "5005:80"  ❼


  postgres:
    image: postgres:9.6  ❷
    environment:
      - POSTGRES_USER=allocation
      - POSTGRES_PASSWORD=abc123
    ports:
      - "54321:5432"
```

❶ 在 *docker-compose* 檔案裡面，我們定義 app 需要的各種服務（容器）。通常我們會用一個主要的映像儲存所有的程式碼，我們可以用它來執行 API、測試或任何其他需要訪問領域模型的服務。

❷ 你可能有其他的基礎服務，包括資料庫。在生產環境中，你應該不會這樣子使用容器，你可能會用雲端服務，但 *docker-compose* 可讓我們為開發或 CI 產生類似的服務。

❸ `environment` 段落可讓你為容器設定環境變數，主機名稱與連接埠是在 Docker 叢集裡面看到的。如果你的容器多到讓這些段落裡面的資訊開始重複，你可以改用 `environment_file`。我們通常將我們的稱為 *container.env*。

❹ 在叢集裡面，*docker-compose* 設定網路，讓容器可以透過以伺服器名稱命名的主機名稱來互相訪問。

❺ 專業提示：如果你要掛載磁碟區，以便在本地開發電腦與容器之間共享來源資料夾，`PYTHONDONTWRITEBYTECODE` 環境變數可以要求 Python 不要寫入 *.pyc* 檔案，這可以避免本地檔案系統遍布數百萬個根檔案，這些檔案很難刪除，還會導致奇怪的 Python 編譯器錯誤。

❻ 將來源與測試程式當成磁碟區來掛載，意味著我們不需要在每次修改程式時，都得重新組建容器。

❼ `ports` 段落可讓我們在容器裡面向外界公開連接埠 [6]—— 它們對應我們在 *config.py* 裡面設定的預設埠。

---

6 在 CI 伺服器上，你可能無法可靠地公開任何連接埠，不過這只是為了方便本地開發。你可以設法讓這些連接埠對映變成選用的（例如使用 *docker-compose.override.yml*）。

在 Docker 內，其他的容器可以用以其服務名稱來命名的主機名稱來訪問。在 Docker 外面，它們可在 `localhost` 訪問，位於 `ports` 段落定義的連接埠。

以程式包安裝你的原始碼

我們的所有 app 程式（其實是除了測試之外的所有東西）都在 *src* 資料夾裡面：

src 資料夾

```
├── src
│   ├── allocation ❶
│   │   ├── config.py
│   │   └── ...
│   └── setup.py ❷
```

❶ 定義頂層模組名稱的子資料夾。喜歡的話，你可以加入多個。

❷ *setup.py* 是希望讓它可以被 pip 安裝的檔案，見接下來的做法。

可用 *pip* 安裝的模組，使用三行程式（*src/setup.py*）

```
from setuptools import setup

setup(
    name='allocation',
    version='0.1',
    packages=['allocation'],
)
```

你只要使用這些內容即可。`packages=` 可以指定你想要作為頂層模組來安裝的子資料夾的名稱。`name` 項目是裝飾性的，不過它是必需的。對於絕對不會實際接觸 PyPI 的程式包，它可以處理得很好 [7]。

Dockerfile

Dockerfile 與特定專案有很大的關係，以下是你可能遇到的幾個關鍵步驟：

7　要知道更多 *setup.py* 小技巧，見這篇 Hynek 寫的包裝文章（*https://oreil.ly/KMWDz*）。

我們的 *Dockerfile*（*Dockerfile*）

```
FROM python:3.8-alpine

❶
RUN apk add --no-cache --virtual .build-deps gcc postgresql-dev musl-dev python3-dev
RUN apk add libpq

❷
COPY requirements.txt /tmp/
RUN pip install -r /tmp/requirements.txt

RUN apk del --no-cache .build-deps

❸
RUN mkdir -p /src
COPY src/ /src/
RUN pip install -e /src
COPY tests/ /tests/

❹
WORKDIR /src
ENV FLASK_APP=allocation/entrypoints/flask_app.py FLASK_DEBUG=1 PYTHONUNBUFFERED=1
CMD flask run --host=0.0.0.0 --port=80
```

❶ 安裝系統級依賴項目

❷ 安裝 Python 依賴項目（你可能要將 dev 從 prod 依賴項目分出來，為了簡化，在這裡沒有這樣做）

❸ 複製與安裝原始檔

❹ 選擇性設置預設的啟動指令（你應該會在命令列覆寫許多地方）

需要注意的是，我們是按照事物可能改變的頻率順序來安裝它們，這樣可以將 Docker 組建快取的重複使用率最大化。我無法告訴你這一個教訓是用多少痛苦和挫折換來的。要瞭解這個與許多其他 Python Dockerfile 改善小技巧，請參考「Production-Ready Docker Packaging」（*https://pythonspeed.com/docker*）。

測試

我們的測試與所有其他東西放在一起：

測試資料夾樹狀結構

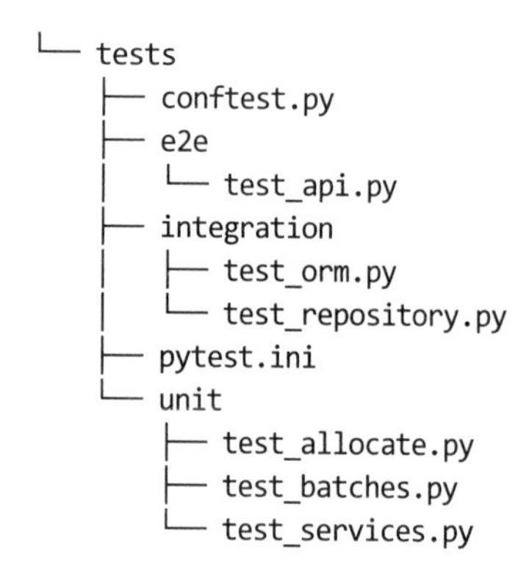

```
└── tests
    ├── conftest.py
    ├── e2e
    │   └── test_api.py
    ├── integration
    │   ├── test_orm.py
    │   └── test_repository.py
    ├── pytest.ini
    └── unit
        ├── test_allocate.py
        ├── test_batches.py
        └── test_services.py
```

這沒有什麼特別的地方，只是將你可能會分別執行的測試類型分開，並且用一些檔案來儲存共用的 fixture、組態等等。

在測試資料夾裡面沒有 *src* 資料夾或 *setup.py*，因為我們通常不需要用 pip 安裝測試，但如果你在匯入路徑方面遇到困難，你可能會發現它很有幫助。

結語

這些是我們的基本元素：

- 在 *src* 資料夾裡面的原始程式，可用 *setup.py* 以 pip 安裝
- 一些 Docker 組態，用來啟動本地叢集，盡可能反映生產環境
- 透過環境變數來設定的組態，集中放在 Python 檔案 *config.py*，使用的預設值可讓事物在容器外運行
- 讓你使用命令列、um、指令的 Makefile

我們不太相信有人會做出與我們一模一樣的解決方案，但希望這些內容可以啟發你。

換掉基礎設施：用 CSV 做每一件事

這個附錄延續第 6 章，旨在簡要說明 Repository、Unit of Work 與 Service Layer 模式的好處。

就在我們完成 Flask API，並且準備發布它時，公司向我們表示歉意，說他們還沒有準備好使用 API，詢問我們能不能寫出一個只從一些 CSV 讀取貨批與訂單，並且輸出第三個配貨 CSV 的程式。

當一般的團隊遇到這種情況時，他們通常會感到不滿，並且在回憶錄裡面記載這件事。但我們不會！我們已經確保基礎設施與領域模型和服務層徹底脫鉤了。換成 CSV 非常簡單，只要寫一些新的 `Repository` 與 `UnitOfWork` 類別，就可以重複使用領域層與服務層的所有邏輯了。

你可以從這個 E2E 測試知道 CSV 如何流入與流出：

第一個 *CSV* 測試（*tests/e2e/test_csv.py*）

```
def test_cli_app_reads_csvs_with_batches_and_orders_and_outputs_allocations(
        make_csv
):
    sku1, sku2 = random_ref('s1'), random_ref('s2')
    batch1, batch2, batch3 = random_ref('b1'), random_ref('b2'), random_ref('b3')
    order_ref = random_ref('o')
    make_csv('batches.csv', [
        ['ref', 'sku', 'qty', 'eta'],
        [batch1, sku1, 100, ''],
```

```
        [batch2, sku2, 100, '2011-01-01'],
        [batch3, sku2, 100, '2011-01-02'],
    ])
    orders_csv = make_csv('orders.csv', [
        ['orderid', 'sku', 'qty'],
        [order_ref, sku1, 3],
        [order_ref, sku2, 12],
    ])

    run_cli_script(orders_csv.parent)

    expected_output_csv = orders_csv.parent / 'allocations.csv'
    with open(expected_output_csv) as f:
        rows = list(csv.reader(f))
    assert rows == [
        ['orderid', 'sku', 'qty', 'batchref'],
        [order_ref, sku1, '3', batch1],
        [order_ref, sku2, '12', batch2],
    ]
```

在不考慮 repository 之類的事項的情況下，你可能會這樣子開始工作：

CSV 讀取 / 寫入程式的第一版（*src/bin/allocate-from-csv*）

```
#!/usr/bin/env python
import csv
import sys
from datetime import datetime
from pathlib import Path

from allocation import model

def load_batches(batches_path):
    batches = []
    with batches_path.open() as inf:
        reader = csv.DictReader(inf)
        for row in reader:
            if row['eta']:
                eta = datetime.strptime(row['eta'], '%Y-%m-%d').date()
            else:
                eta = None
            batches.append(model.Batch(
                ref=row['ref'],
                sku=row['sku'],
                qty=int(row['qty']),
                eta=eta
            ))
```

```
    return batches



def main(folder):
    batches_path = Path(folder) / 'batches.csv'
    orders_path = Path(folder) / 'orders.csv'
    allocations_path = Path(folder) / 'allocations.csv'

    batches = load_batches(batches_path)

    with orders_path.open() as inf, allocations_path.open('w') as outf:
        reader = csv.DictReader(inf)
        writer = csv.writer(outf)
        writer.writerow(['orderid', 'sku', 'batchref'])
        for row in reader:
            orderid, sku = row['orderid'], row['sku']
            qty = int(row['qty'])
            line = model.OrderLine(orderid, sku, qty)
            batchref = model.allocate(line, batches)
            writer.writerow([line.orderid, line.sku, batchref])



if __name__ == '__main__':
    main(sys.argv[1])
```

看起來還不賴！我們重複使用領域模型物件與領域服務。

但它還無法運作。既有的 allocation 也必須改成持久 CSV 儲存體的一部分。我們可以編寫第二項測試來迫使我們進行改善：

另一個測試，使用既有的 *allocation*（*tests/e2e/test_csv.py*）

```
def test_cli_app_also_reads_existing_allocations_and_can_append_to_them(
        make_csv
):
    sku = random_ref('s')
    batch1, batch2 = random_ref('b1'), random_ref('b2')
    old_order, new_order = random_ref('o1'), random_ref('o2')
    make_csv('batches.csv', [
        ['ref', 'sku', 'qty', 'eta'],
        [batch1, sku, 10, '2011-01-01'],
        [batch2, sku, 10, '2011-01-02'],
    ])
    make_csv('allocations.csv', [
```

```
        ['orderid', 'sku', 'qty', 'batchref'],
        [old_order, sku, 10, batch1],
    ])
    orders_csv = make_csv('orders.csv', [
        ['orderid', 'sku', 'qty'],
        [new_order, sku, 7],
    ])

    run_cli_script(orders_csv.parent)

    expected_output_csv = orders_csv.parent / 'allocations.csv'
    with open(expected_output_csv) as f:
        rows = list(csv.reader(f))
    assert rows == [
        ['orderid', 'sku', 'qty', 'batchref'],
        [old_order, sku, '10', batch1],
        [new_order, sku, '7', batch2],
    ]
```

我們還可以繼續修改並且在 `load_batches` 函式裡面加入更多行程式，以及追蹤與儲存新配貨的方法，不過現在已經有一個做這些事情的模型了！它就是我們的 Repository 與 Unit of Work 模式。

我們只要重新實作這些抽象即可，只不過是在它們底下使用 CSV 而不是資料庫。你將看到，它其實相對簡單。

為 CSV 實作 Repository 與 Unit of Work

這是 CSV repository 的樣子。它將「從磁碟讀取 CSV」的邏輯抽象化，包括讀取**兩個不同的** *CSV*（一個是貨批的，一個是配貨的），並且提供熟悉的 `.list()` API，它提供一組假想的 in-memory 領域物件：

使用 CSV 作為儲存機制的 repository（src/allocation/service_layer/csv_uow.py）

```
class CsvRepository(repository.AbstractRepository):

    def __init__(self, folder):
        self._batches_path = Path(folder) / 'batches.csv'
        self._allocations_path = Path(folder) / 'allocations.csv'
        self._batches = {}  # 型態：Dict[str, model.Batch]
        self._load()

    def get(self, reference):
```

```
        return self._batches.get(reference)

    def add(self, batch):
        self._batches[batch.reference] = batch

    def _load(self):
        with self._batches_path.open() as f:
            reader = csv.DictReader(f)
            for row in reader:
                ref, sku = row['ref'], row['sku']
                qty = int(row['qty'])
                if row['eta']:
                    eta = datetime.strptime(row['eta'], '%Y-%m-%d').date()
                else:
                    eta = None
                self._batches[ref] = model.Batch(
                    ref=ref, sku=sku, qty=qty, eta=eta
                )
        if self._allocations_path.exists() is False:
            return
        with self._allocations_path.open() as f:
            reader = csv.DictReader(f)
            for row in reader:
                batchref, orderid, sku = row['batchref'], row['orderid'], row['sku']
                qty = int(row['qty'])
                line = model.OrderLine(orderid, sku, qty)
                batch = self._batches[batchref]
                batch._allocations.add(line)

    def list(self):
        return list(self._batches.values())
```

這是 CSV 的 UoW 的樣子：

CSV 的 UoW：commit = csv.writer（src/allocation/service_layer/csv_uow.py）

```
class CsvUnitOfWork(unit_of_work.AbstractUnitOfWork):

    def __init__(self, folder):
        self.batches = CsvRepository(folder)

    def commit(self):
        with self.batches._allocations_path.open('w') as f:
            writer = csv.writer(f)
            writer.writerow(['orderid', 'sku', 'qty', 'batchref'])
            for batch in self.batches.list():
                for line in batch._allocations:
```

```
                writer.writerow(
                    [line.orderid, line.sku, line.qty, batch.reference]
                )

    def rollback(self):
        pass
```

完成之後，用來讀取與寫入貨批與配貨至 CSV 的 CLI app 已經被縮減成它該有樣子——用一小段程式來讀取訂單行，以及用一小段程式來呼叫**現有的**服務層：

用九行程式來以 *CSV* 配貨（*src/bin/allocate-from-csv*）

```
def main(folder):
    orders_path = Path(folder) / 'orders.csv'
    uow = csv_uow.CsvUnitOfWork(folder)
    with orders_path.open() as f:
        reader = csv.DictReader(f)
        for row in reader:
            orderid, sku = row['orderid'], row['sku']
            qty = int(row['qty'])
            services.allocate(orderid, sku, qty, uow)
```

有沒有留下深刻的印象？

愛你們，

Bob 與 Harry

附錄 D

Repository 與 Unit of Work 模式，使用 Django

用 Django 來取代 SQLAlchemy 與 Flask 會變成怎樣？首先，你要決定它的安裝地點，我們將它放在主 allocation 程式碼旁邊的獨立包裝：

```
├── src
│   ├── allocation
│   │   ├── __init__.py
│   │   ├── adapters
│   │   │   ├── __init__.py
...
│   ├── djangoproject
│   │   ├── alloc
│   │   │   ├── __init__.py
│   │   │   ├── apps.py
│   │   │   ├── migrations
│   │   │   │   ├── 0001_initial.py
│   │   │   │   └── __init__.py
│   │   │   ├── models.py
│   │   │   └── views.py
│   │   ├── django_project
│   │   │   ├── __init__.py
│   │   │   ├── settings.py
│   │   │   ├── urls.py
│   │   │   └── wsgi.py
│   │   └── manage.py
│   └── setup.py
└── tests
    ├── conftest.py
    ├── e2e
```

```
│   └── test_api.py
├── integration
│   ├── test_repository.py
...
```

這個附錄的程式在 GitHub 的 appendix_django 分支（*https://oreil.ly/A-I76*）：

```
git clone https://github.com/cosmicpython/code.git
cd code
git checkout appendix_django
```

Repository 模式，使用 Django

我們曾經使用一種稱為 pytest-django（*https://github.com/pytest-dev/pytest-django*）的外掛來協助測試資料庫管理。

改寫第一個 repository 測試時，改變的地方很少 —— 只要將一些原始 SQL 改成呼叫 Django ORM/QuerySet 語言即可：

改寫第一個 *repository* 測試（*tests/integration/test_repository.py*）

```
from djangoproject.alloc import models as django_models


@pytest.mark.django_db
def test_repository_can_save_a_batch():
    batch = model.Batch("batch1", "RUSTY-SOAPDISH", 100, eta=date(2011, 12, 25))

    repo = repository.DjangoRepository()
    repo.add(batch)

    [saved_batch] = django_models.Batch.objects.all()
    assert saved_batch.reference == batch.reference
    assert saved_batch.sku == batch.sku
    assert saved_batch.qty == batch._purchased_quantity
    assert saved_batch.eta == batch.eta
```

第二項測試比較複雜，因為它有配貨，但它仍然是用很熟悉的 Django 程式組成的：

第二個 repository 測試比較複雜（tests/integration/test_repository.py）

```
@pytest.mark.django_db
def test_repository_can_retrieve_a_batch_with_allocations():
    sku = "PONY-STATUE"
    d_line = django_models.OrderLine.objects.create(orderid="order1", sku=sku, qty=12)
    d_b1 = django_models.Batch.objects.create(
    reference="batch1", sku=sku, qty=100, eta=None
)
    d_b2 = django_models.Batch.objects.create(
    reference="batch2", sku=sku, qty=100, eta=None
)
    django_models.Allocation.objects.create(line=d_line, batch=d_batch1)

    repo = repository.DjangoRepository()
    retrieved = repo.get("batch1")

    expected = model.Batch("batch1", sku, 100, eta=None)
    assert retrieved == expected  # Batch.__eq__ 只比較 reference
    assert retrieved.sku == expected.sku
    assert retrieved._purchased_quantity == expected._purchased_quantity
    assert retrieved._allocations == {
        model.OrderLine("order1", sku, 12),
    }
```

這是實際的 repository 最終的樣子：

Django repository（src/allocation/adapters/repository.py）

```
class DjangoRepository(AbstractRepository):

    def add(self, batch):
        super().add(batch)
        self.update(batch)

    def update(self, batch):
        django_models.Batch.update_from_domain(batch)

    def _get(self, reference):
        return django_models.Batch.objects.filter(
            reference=reference
        ).first().to_domain()

    def list(self):
        return [b.to_domain() for b in django_models.Batch.objects.all()]
```

你可以看到，這個實作使用包含自訂方法的 Django 模型來轉換至領域模型，以及從領域模型轉換回來[1]。

在 Django ORM 類別自訂方法，來轉換成領域模型和轉換回來

這些自訂的方法長這樣：

Django ORM，包含進行領域模型轉換的自訂方法（*src/djangoproject/alloc/models.py*）

```
from django.db import models
from allocation.domain import model as domain_model

class Batch(models.Model):
    reference = models.CharField(max_length=255)
    sku = models.CharField(max_length=255)
    qty = models.IntegerField()
    eta = models.DateField(blank=True, null=True)

    @staticmethod
    def update_from_domain(batch: domain_model.Batch):
        try:
            b = Batch.objects.get(reference=batch.reference)  ❶
        except Batch.DoesNotExist:
            b = Batch(reference=batch.reference)  ❶
        b.sku = batch.sku
        b.qty = batch._purchased_quantity
        b.eta = batch.eta  ❷
        b.save()
        b.allocation_set.set(
            Allocation.from_domain(l, b)  ❸
            for l in batch._allocations
        )

    def to_domain(self) -> domain_model.Batch:
        b = domain_model.Batch(
            ref=self.reference, sku=self.sku, qty=self.qty, eta=self.eta
        )
        b._allocations = set(
            a.line.to_domain()
            for a in self.allocation_set.all()
        )
```

1 DRY-Python 專案人員建構了一種稱為 mappers（*https://mappers.readthedocs.io/en/latest*）的工具，或許有助於減少處理這種事情的樣板（boilerplate）程式。

```
        return b


class OrderLine(models.Model):
    #...
```

❶ 對值物件而言，`objects.get_or_create` 可以工作，但是對實體而言，你可能要用明確的 try-get/except 來處理 upsert[2]。

❷ 這裡展示的是最複雜的案例。如果你決定這樣做，注意將會有樣板程式（boilerplate）！還好它不是非常複雜的樣板。

❸ 我們也要謹慎、自訂地處理關係。

我們與第 2 章一樣使用依賴反轉。ORM（Django）依靠模型，但模型不依靠 ORM。

Unit of Work 模式，使用 Django

測試程式沒有改變太多：

修改後的 *UoW* 測試（*tests/integration/test_uow.py*）

```
def insert_batch(ref, sku, qty, eta):  ❶
    django_models.Batch.objects.create(reference=ref, sku=sku, qty=qty, eta=eta)

def get_allocated_batch_ref(orderid, sku):  ❶
    return django_models.Allocation.objects.get(
        line__orderid=orderid, line__sku=sku
    ).batch.reference


@pytest.mark.django_db(transaction=True)
def test_uow_can_retrieve_a_batch_and_allocate_to_it():
    insert_batch('batch1', 'HIPSTER-WORKBENCH', 100, None)

    uow = unit_of_work.DjangoUnitOfWork()
    with uow:
        batch = uow.batches.get(reference='batch1')
        line = model.OrderLine('o1', 'HIPSTER-WORKBENCH', 10)
```

2 `@mr-bo-jangles` 建議你使用 `update_or_create`（*https://oreil.ly/HTq1r*），不過它超出我們的 Django-fu 了。

```
            batch.allocate(line)
            uow.commit()

        batchref = get_allocated_batch_ref('o1', 'HIPSTER-WORKBENCH')
        assert batchref == 'batch1'


    @pytest.mark.django_db(transaction=True)  ❷
    def test_rolls_back_uncommitted_work_by_default():
        ...

    @pytest.mark.django_db(transaction=True)  ❷
    def test_rolls_back_on_error():
        ...
```

❶ 因為在這些測試裡面有小型的輔助函式，測試程式的主要內容與 SQLAlchemy 的很像。

❷ pytest-django mark.django_db(transaction=True) 是測試自訂交易 / 復原行為時必要的。

實作程式很簡單，儘管我試了幾次才找到哪一個 Django 的交易魔法才是有效的：

修改 UoW，使用 Django（src/allocation/service_layer/unit_of_work.py）

```
class DjangoUnitOfWork(AbstractUnitOfWork):

    def __enter__(self):
        self.batches = repository.DjangoRepository()
        transaction.set_autocommit(False)  ❶
        return super().__enter__()

    def __exit__(self, *args):
        super().__exit__(*args)
        transaction.set_autocommit(True)

    def commit(self):
        for batch in self.batches.seen:  ❸
            self.batches.update(batch)  ❸
        transaction.commit()  ❷

    def rollback(self):
        transaction.rollback()  ❷
```

❶ `set_autocommit(False)` 是要求 Django 立刻停止自動提交各個 ORM 操作，並且開始交易的最佳方式。

❷ 接著使用明確的 rollback 與 commit。

❸ 困難的地方：與 SQLAlchemy 不同的是，我們並非檢測領域模型實例本身，所以 `commit()` 指令必須明確地通過 repository 接觸過的每一個物件，並將它們手動更新回 ORM。

API：Django view 是 adapter

Django *views.py* 檔案與舊的 *flask_app.py* 幾乎相同，因為我們的架構指出它是圍繞著服務層的一層很薄的包裝（順道一提，它完全沒有改變）：

Flask app → Django view（src/djangoproject/alloc/views.py）

```
os.environ['DJANGO_SETTINGS_MODULE'] = 'djangoproject.django_project.settings'
django.setup()

@csrf_exempt
def add_batch(request):
    data = json.loads(request.body)
    eta = data['eta']
    if eta is not None:
        eta = datetime.fromisoformat(eta).date()
    services.add_batch(
        data['ref'], data['sku'], data['qty'], eta,
        unit_of_work.DjangoUnitOfWork(),
    )
    return HttpResponse('OK', status=201)

@csrf_exempt
def allocate(request):
    data = json.loads(request.body)
    try:
        batchref = services.allocate(
            data['orderid'],
            data['sku'],
            data['qty'],
            unit_of_work.DjangoUnitOfWork(),
        )
    except (model.OutOfStock, services.InvalidSku) as e:
        return JsonResponse({'message': str(e)}, status=400)

    return JsonResponse({'batchref': batchref}, status=201)
```

為什麼這麼難？

OK，它可以工作，但它確實比 Flask/SQLAlchemy 費力。為什麼？

在低層面的主要原因是 Django 的 ORM 採取不同的工作方式。我們沒有 SQLAlchemy 的典型 mapper 的對應物，所以 `Active Record` 與領域模型不能使用同一個物件，我們必須在 repository 後面建立一個手動轉換層，這需要做更多事（雖然完成之後，後續的維護負擔不會太重）。

因為 Django 與資料庫緊密地耦合，你必須使用 `pytest-django` 之類的輔助程式，並仔細考慮測試資料庫，從程式的第一行開始，使用純領域模型時不需要做這種事。

但是在高層面上，Django 這麼棒的原因在於，它的設計理念是使用最少的樣板輕鬆地建構 CRUD app，但是這本書的主旨是當你的 app 再也不是簡單的 CRUD app 時該怎麼做。

所以，Django 帶來的阻礙多於幫助。如果你的 app 的重點是圍繞著狀態變更流程建構一套複雜的規則和模型，那麼雖然 Django admin 之類的工具在剛開始的時候很棒，以後卻會非常危險。Django admin 會完全繞過它們。

如果你已經使用 Django 了，該怎麼辦

那麼，如果你想要在 Django app 裡面使用本書介紹的模式，該怎麼辦？我們的建議是：

- 使用 Repository 與 Unit of Work 模式很費工。它們短期的好處主要是提供更快速的單元測試，所以你要評估一下這對你的案例而言值不值得。長期而言，它們可以讓你的 app 與 Django 和資料庫解耦，所以如果你想要脫離這兩者，Repository 與 UoW 是很棒的做法。

- 如果你在 *views.py* 裡面看到許多重複，Service Layer 模式應該值得考慮。它是讓你分別看待用例與 web 端點的好方法。

- 理論上，你仍然可以使用 Django 模型進行 DDD 與建立領域模型，讓它們與資料庫緊密耦合，雖然遷移會減慢你的速度，但應該不到致命的程度。所以只要你的 app 不會太複雜而且你的測試不會太慢，你應該可以從 *fat model* 法得到一些好處：盡量將邏輯移到模型，並且採用 Entity、Value Object 與 Aggregate 等模式。但是，接下來有些警告。

在 Django 社群（*https://oreil.ly/Nbpjj*）裡面，有人發現 fat model 法本身有擴展性方面的問題，尤其是在 app 之間的依賴關係管理方面。在這些情況下，抽出一個商務邏輯或領域層，將它放在 view 與表單與 *models.py* 之間有很多好處，接下來你就可以讓它盡量保持精簡。

沿路的步驟

如果你正在處理 Django 專案，但不確定它有沒有複雜到需要採用我們推薦的模式，但你仍然想要採取一些步驟來讓工作更輕鬆，無論是就中期而言，還是以後想要換成我們的模式，請考慮這些事情：

- 我們聽過有人建議最初就將 *logic.py* 放入每一個 Django app 裡面，這樣你就有一個地方可以放入商務邏輯，並且讓「表單、view 與模型」和「商務邏輯」脫鉤。它也可以作為墊腳石，讓你以後可以遷往完全解耦的領域模型與服務層。
- 或許商務邏輯層在一開始處理 Django 模型物件，之後才與框架完全脫鉤，處理一般的 Python 資料結構。
- 對讀取端而言，你可以將讀取程式都放在同一個地方，避免到處都有 ORM 呼叫，以獲得 CQRS 的一些好處。
- 當你拿出「處理 read 的模組」與「處理領域邏輯的模組」之後，你或許可以和 Django app 層次結構脫鉤。商務考量將貫穿其中。

我們想要感謝 David Seddon 與 Ashia Zawaduk 告訴我們這個附錄裡面的一些想法。他們盡力阻止我們在這個沒有太多個人經驗的主題說一些愚蠢的話，雖然他們可能仍然失敗了。

要知道更多關於處理既有 app 的想法與實際經驗，請參考結語。

附錄 E

驗證

每當我們教導與討論這些技術時，總會有人問這個問題：「我要在哪裡進行驗證？它屬於領域模型的商務邏輯，還是個基礎設施（infrastructural）問題？」

如同任何一個架構性問題，答案是：依情況而定！

最重要的事情是將程式碼妥善地分開，好讓系統的各個部分都很簡單，我們不想要讓無關的細節干擾程式碼。

到底什麼是驗證？

當大家使用**驗證**（*validation*）這個字時，他們的意思通常是用一個流程來測試一項操作的輸入，以確保它們符合特定的標準。符合標準的輸入是**有效的**（*valid*），不符合的是**無效的**（*invalid*）。

如果輸入無效，操作就不能繼續下去，應該退出並發出某種錯誤。換句話說，驗證與建立**先決條件**有關。我們發現將先決條件拆成三種子類型很有幫助：語法（syntax）、語意（semantic）與語用（pragmatic）。

驗證語法

在語言學中，語言的**語法**是規定哪些句子結構符合文法的規則。例如，在英文中，「Allocate three units of `TASTELESS-LAMP` to order twenty-seven」是符合語法的，但「hat hat hat hat hat hat wibble」不符合。我們可以將符合語法的句子稱為**良式的**（*well formed*）。

這個概念如何反映在我們的 app 上？以下是語法規則的幾個例子：

- `Allocate` 指令必須有一個訂單 ID、一個 SKU 與一個數量。
- 數量是正整數。
- SKU 是字串。

它們都是關於輸入資料的外形與結構的規則。沒有 SKU 或訂單 ID 的 `Allocate` 不是有效的訊息。它相當於「Allocate three to」這句話。

我們往往會在系統的邊界驗證這些規則。我們的經驗是，訊息處理式永遠只能夠接收良式的（well-formed），而且包含所有必要資訊的訊息。

其中一種做法是將驗證邏輯放在訊息型態本身：

在 message class 驗證（src/allocation/commands.py）

```
from schema import And, Schema, Use


@dataclass
class Allocate(Command):

    _schema = Schema({  ❶
        'orderid': int,
         sku: str,
         qty: And(Use(int), lambda n: n > 0)
     }, ignore_extra_keys=True)

    orderid: str
    sku: str
    qty: int

    @classmethod
    def from_json(cls, data):  ❷
        data = json.loads(data)
        return cls(**_schema.validate(data))
```

❶ `schema` 程式庫（*https://pypi.org/project/schema*）可讓我們用很好的宣告方式描述訊息的結構與驗證。

❷ `from_json` 方法讀取 JSON 字串，並將它轉換成我們的訊息型態。

不過，這可能會產生重複，因為我們需要指定欄位兩次，所以我們使用輔助程式庫來統一訊息型態的驗證與宣告：

command 工廠，使用 *schema*（*src/allocation/commands.py*）

```
def command(name, **fields): ❶
    schema = Schema(And(Use(json.loads), fields), ignore_extra_keys=True) ❷
    cls = make_dataclass(name, fields.keys())
    cls.from_json = lambda s: cls(**schema.validate(s)) ❸
    return cls

def greater_than_zero(x):
    return x > 0

quantity = And(Use(int), greater_than_zero) ❹

Allocate = command( ❺
    orderid=int,
    sku=str,
    qty=quantity
)

AddStock = command(
    sku=str,
    qty=quantity
```

❶ `command` 函式接收訊息名稱，以及用來接收訊息資料欄位的 kwargs，kwarg 的名稱就是欄位的名稱，值是解析器。

❷ 使用 dataclass 模組的 `make_dataclass` 函式來動態建立訊息型態。

❸ 將 `from_json` 方法貼到動態資料類別。

❹ 為數量、SKU 等東西建立可重複使用的解析器，來保持 DRY。

❺ 訊息型態變成只需要用一行程式宣告。

這種做法的代價是失去資料類別的型態，請記得這個取捨。

Postel 定律與 Tolerant Reader 模式

Postel **定律或強健原則**（*robustness principle*）告訴我們「對收到的東西要開放，對送出去的東西要保守」。我們認為它特別適合在整合其他系統的情況下使用。這個原則是指，無論何時向其他系統傳送訊息，我們都要嚴格對待它，但是從其他地方接收訊息時，我們要盡量寬容。

例如，我們的系統**可以**驗證 SKU 的格式。我們一直都使用人工編製的 SKU，例如 `UNFORGIVING-CUSHION` 與 `MISBEGOTTEN-POUFFE`，它們都使用一種簡單的格式：裡面有兩個單字，以一個短線分隔，第二個單字是產品的類型，第一個單字是形容詞。

開發人員**喜歡**在他們的訊息中驗證這種東西，拒絕所有看起來像無效 SKU 的東西。如果有人不守規則，發出名為 `COMFY-CHAISE-LONGUE` 的產品，或是供應商出了亂子，送出 `CHEAP-CARPET-2`，可怕的問題就會發生。

事實上，作為配貨系統，SKU 的格式**根本不關我們的事**。我們只需要識別碼，所以可以直接將它描述成字串。也就是說，採購系統可以隨意改變格式，我們並不在乎。

同樣的原則也適用於訂單號碼、顧客電話號碼等等。在多數情況下，我們可以忽略字串的內部結構。

同樣的，開發人員**喜歡**使用 JSON Schema 之類的工具來驗證收到的訊息，或建立程式庫來驗證收到的訊息，並且與其他系統分享它們，這同樣會讓強健性測試失敗。

舉個例子，假如採購系統在 `ChangeBatchQuantity` 訊息裡面加入新欄位來記錄更改原因以及進行更改的用戶的 email。

因為這些欄位與配貨服務無關，所以我們應該直接忽略它們。我們可以在 `schema` 程式庫裡面做這件事，直接傳遞關鍵字引數 `ignore_extra_keys=True`。

只提取我們在乎的欄位，並且對它們做最簡單的驗證稱為 Tolerant Reader 模式。

盡量減少驗證的動作，只讀取你需要的欄位，而且不要過度指定它們的內容，這可以協助你的系統在其他系統不斷改變的同時維持強健。不要在系統之間共享訊息定義，而是讓你依靠的資料可被輕鬆定義。Martin Fowler 寫的一篇關於 Tolerant Reader 模式的文章（*https://oreil.ly/YL_La*）有更多資訊。

> **Postel 絕對是對的嗎？**
>
> 有些人對 Postel 很敏感，他們會告訴你（*https://oreil.ly/bzLmb*），Postel 是破壞網際網路的每一個東西，讓我們不能使用美好事物的元兇。你可以找時間問一下 Hynek 關於 SSLv3 的問題。
>
> 當我們用事件來整合我們可以控制的不同服務時，我們喜歡 Tolerant Reader 法，因為它可讓這些服務獨立演進。
>
> 如果你負責處理一個在糟糕的大型網路上向大眾公開的 API，你應該有很好的理由必須更保守地對待你允許的輸入。

在邊界驗證

我們在稍早談到，我們要避免讓不相關的細節擾亂我們的程式碼，尤其是，我們不想要在領域模型裡面編寫防禦性程式，而是在領域模型與用例處理式看到請求之前，確保請求是已知有效的。這有助於長時間維持程式碼的整潔與可維護性。我們有時將這種做法稱為*在系統的邊界進行驗證*。

除了維持程式碼的整潔，以及免於永無止盡的檢查與斷言之外，切記，在系統中游蕩的無效資料是顆定時炸彈，它到達的地方越深，它就越危險，你可以用來回應它的工具就越少。

我們在第 8 章說過，message bus 是放置跨界關注點的好地方，驗證就是一個很好的例子。這是我們更改 bus 來執行驗證的做法：

驗證

```
class MessageBus:

    def handle_message(self, name: str, body: str):
        try:
            message_type = next(mt for mt in EVENT_HANDLERS if mt.__name__ == name)
            message = message_type.from_json(body)
            self.handle([message])
        except StopIteration:
            raise KeyError(f"Unknown message name {name}")
        except ValidationError as e:
            logging.error(
```

```
            f'invalid message of type {name}\n'
            f'{body}\n'
            f'{e}'
        )
        raise e
```

這是使用 Flask API 端點的方法：

API 將驗證錯誤上浮（src/allocation/flask_app.py）

```
@app.route("/change_quantity", methods=['POST'])
def change_batch_quantity():
    try:
        bus.handle_message('ChangeBatchQuantity', request.body)
    except ValidationError as e:
        return bad_request(e)
    except exceptions.InvalidSku as e:
        return jsonify({'message': str(e)}), 400

def bad_request(e: ValidationError):
    return e.code, 400
```

這是將它插入非同步訊息處理式的做法：

在處理 Redis 訊息時驗證錯誤（src/allocation/redis_pubsub.py）

```
def handle_change_batch_quantity(m, bus: messagebus.MessageBus):
    try:
        bus.handle_message('ChangeBatchQuantity', m)
    except ValidationError:
       print('Skipping invalid message')
    except exceptions.InvalidSku as e:
        print(f'Unable to change stock for missing sku {e}')
```

注意，入口只關注如何從外界取得訊息，以及如何回報成功或失敗。message bus 負責驗證請求，以及將它們傳到正確的處理式，而處理式只關注用例的邏輯。

當你收到無效的訊息時，通常你只能 log 錯誤並繼續執行，在 MADE，我們使用一些指標來計算系統收到的訊息數量，以及多少訊息已經被成功處理、跳過或無效。如果不良訊息數量激增，監視工具會提醒我們。

驗證語意

語法與訊息的結構有關，而**語意**研究的是訊息的**含義**。「Undo no dogs from ellipsis four」是合乎語法的，而且它的結構與「Allocate one teapot to order five」這個句子一樣，但是它沒有意義。

雖然我們可以將這個 JSON blob 解讀為 `Allocate` 指令，但無法成功執行它，因為它**沒意義**：

無意義的訊息

```
{
  "orderid": "superman",
  "sku": "zygote",
  "qty": -1
}
```

我們往往會在訊息處理層使用一種合約式編程法來驗證語意問題：

先決條件（*src/allocation/ensure.py*）

```
"""
這個模組包含套用到處理式的先決條件。
"""

class MessageUnprocessable(Exception):  ❶

    def __init__(self, message):
        self.message = message

class ProductNotFound(MessageUnprocessable):  ❷
    """"
    當我們試著對資料庫不存在的產品
    採取行動時，這個例外就會發出。
    """"

    def __init__(self, message):
        super().__init__(message)
        self.sku = message.sku

def product_exists(event, uow):  ❸
    product = uow.products.get(event.sku)
    if product is None:
        raise ProductNotFound(event)
```

❶ 讓代表訊息無效的錯誤使用共同的基礎類別。

❷ 讓這個問題使用特定的錯誤型態，我們就可以更輕鬆地回報它以及處理錯誤。例如，在 Flask 裡面將 `ProductNotFound` 對映至 404 很簡單。

❸ `product_exists` 是先決條件。如果條件是 `False`，我們就發出錯誤。

這可以讓服務層的主要邏輯流程維持整潔與具宣告性：

確保服務中的呼叫（*src/allocation/services.py*）

```
# services.py

from allocation import ensure

def allocate(event, uow):
    line = mode.OrderLine(event.orderid, event.sku, event.qty)
    with uow:
        ensure.product_exists(uow, event)

        product = uow.products.get(line.sku)
        product.allocate(line)
        uow.commit()
```

我們可以延伸這個測試，確保冪等性地套用訊息，例如確保同一批貨沒有被插入兩次以上。

如果我們被要求建立一個已經存在的貨批，我們就會 log 警告訊息，並繼續處理下一個訊息：

對可忽略事件發出 *SkipMessage* 例外（*src/allocation/services.py*）

```
class SkipMessage (Exception):
    """
    如果一個訊息無法處理，但沒有不正確的行為，
    就發出這個例外。例如，我們可能多次收到同一個訊息，
    或是收到一條現在已經過時的訊息。
    """

    def __init__(self, reason):
        self.reason = reason

def batch_is_new(self, event, uow):
    batch = uow.batches.get(event.batchid)
    if batch is not None:
        raise SkipMessage(f"Batch with id {event.batchid} already exists")
```

加入 SkipMessage 例外可讓我們在 message bus 中以通用的方式處理這些案例：

現在匯流排知道如何跳過了（*src/allocation/messagebus.py*）

```
class MessageBus:

    def handle_message(self, message):
        try:
            ...
        except SkipMessage as e:
            logging.warn(f"Skipping message {message.id} because {e.reason}")
```

這裡有兩個必須注意的陷阱。第一，我們必須使用與用例的主要邏輯一樣的 UoW，否則可能遇到惱人的並行 bug。

第二，我們要避免將*所有*的商務邏輯拉入這些先決條件檢查。根據經驗，如果我們*可以*在領域模型內測試規則，那就*要*在領域模型中測試它。

驗證語用

*語用*研究的是如何在語境（context）中理解語言。當我們解析一條訊息並且理解它的含義之後，我們仍然要在語境中處理它。例如，如果有人評論你的 pull request，說「我認為這非常勇敢（brave）」，它可能代表審閱者欣賞你的勇氣，除非他們是英國人，若是如此，他的意思是你做的事情非常危險，只有傻瓜才敢嘗試。語境代表一切。

驗證回顧

驗證的意思因人而異

當你們談到驗證時，確保你們都清楚知道你們想驗證什麼。我們覺得用語法、語意和語用來思考很有幫助：訊息的結構、訊息的意義，以及主宰如何回應訊息的商務邏輯。

盡量在邊界進行驗證

驗證「需要的欄位在不在」和「數字有沒有在範圍內」是很無聊的事情，它們應該放到整潔的基礎程式之外。處理式永遠只接收有效的訊息。

只驗證你需要的東西

使用 Tolerant Reader 模式：只讀取 app 需要的欄位，並且不要過度指定它們的內部結構。將欄位視為不透明的字串可帶來很大的彈性。

花時間編寫驗證的輔助程式

用良好的宣告性方式來驗證收到的訊息，並且對處理式應用先決條件，可讓基礎程式更整潔。你應該花點時讓無聊的程式更容易維護。

在正確的位置找到這三種驗證類型

驗證語法的動作可能在訊息類別中發生，驗證語意的動作可能在服務層或 message bus 中發生，驗證語用的動作屬於領域模型。

在系統的邊界驗證指令的語法與語意之後，需要驗證的地方就只剩下領域了。語用的驗證地點通常是商務規則的核心部分。

用軟體術語來說，一項操作的語用通常是由領域模型管理的。當我們收到「幫訂單 76543 分配 100 萬個單位的 SCARCE-CLOCK」這種訊息時，雖然這個訊息的**語法**和**語意**是有效的，但因為我們沒有足夠的庫存，所以無法滿足它。

索引

※ 提醒您：由於翻譯書排版的關係，部分索引名詞的對應頁碼會和實際頁碼有一頁之差。

符號

A

B

C

D

E

F

G

H

I

N

O

P

Q

R

S

T

U

V

W

關於作者

Harry Percival 曾經花了好幾年不快樂的時光擔任管理顧問。不久，他重新發現自己的極客本色，很幸運地遇到一群 XP 狂熱分子，當時他們正在開發目前不復存在的 Resolver One 試算表。他曾經在 PythonAnywhere LLP 工作，在演講、工作坊和會議上向全球傳播 TDD 的福音。目前在 MADE.com 工作。

Bob Gregory 是任職於 MADE.com 的英藉軟體架構師。他使用領域驅動設計來建構事件驅動系統已經有十多年的歷史了。

出版記事

本書的封面動物是緬甸蟒（*Python bivitattus*）。如你所料，緬甸蟒原產於東南亞，如今，南亞、緬甸、中國和印尼的叢林和沼澤中都有牠的蹤跡，牠也入侵了佛羅里達的沼澤地。

緬甸蟒是世界最大的蛇類之一，這種夜行性肉食巨蟒可長到 23 英尺長，200 磅重，雌性的體型比雄性大。牠們一窩最多可以產生一百個蛋。在野外，緬甸蟒的平均壽命是 20 至 25 年。

緬甸蟒身上的斑紋始於頭頂的淺棕色箭頭狀斑點，隨後沿著身體延伸為矩形，與其他的棕褐色的鱗片形成鮮明的對比。緬甸蟒需要兩到三年的時間才能長到最大，牠們在樹上棲息，捕食小型哺乳動物與鳥類，牠們也可以長時間游泳——在沒有空氣的狀況下長達 30 分鐘。

因為棲息地受到破壞，緬甸蟒的保護現狀是易危等級。O'Reilly 書籍封面上的許多動物都面臨瀕臨絕種的危機，牠們都是這個世界重要的一份子。

這幅彩色圖畫是 Jose Marzan 根據《*Encyclopedie D'Histoire Naturelle*》的一幅黑白版畫創作的。

架構模式｜使用 Python

作　　者：Harry Percival, Bob Gregory
譯　　者：賴屹民
企劃編輯：蔡彤孟
文字編輯：王雅雯
設計裝幀：陶相騰
發 行 人：廖文良

發 行 所：碁峰資訊股份有限公司
地　　址：台北市南港區三重路 66 號 7 樓之 6
電　　話：(02)2788-2408
傳　　真：(02)8192-4433
網　　站：www.gotop.com.tw
書　　號：A640
版　　次：2020 年 08 月初版
建議售價：NT$680

國家圖書館出版品預行編目資料

架構模式：使用 Python / Harry Percival, Bob Gregory 原著；賴屹民譯. -- 初版. -- 臺北市：碁峰資訊, 2020.08
面；　公分
譯自：Architecture Patterns with Python
ISBN 978-986-502-596-0(平裝)
1.Python(電腦程式語言)　2.電腦程式設計
312.32P97　　109011889

讀者服務

- 感謝您購買碁峰圖書，如果您對本書的內容或表達上有不清楚的地方或其他建議，請至碁峰網站：「聯絡我們」\「圖書問題」留下您所購買之書籍及問題。（請註明購買書籍之書號及書名，以及問題頁數，以便能儘快為您處理）
http://www.gotop.com.tw

- 售後服務僅限書籍本身內容，若是軟、硬體問題，請您直接與軟體廠商聯絡。

- 若於購買書籍後發現有破損、缺頁、裝訂錯誤之問題，請直接將書寄回更換，並註明您的姓名、連絡電話及地址，將有專人與您連絡補寄商品。